Functional Design
Principles, Patterns, and Practices

函数式设计
原则、模式与实践

[美] 罗伯特·C. 马丁（Robert C. Martin） 著
吾真本 姚琪琳 覃宇 译

机械工业出版社
CHINA MACHINE PRESS

Authorized translation from the English language edition, entitled *Functional Design: Principles, Patterns, and Practices*, ISBN: 978-0-13-817639-6, by Robert C. Martin, published by Pearson Education, Inc., Copyright © 2024 Pearson Education, Inc.

All rights reserved. No part of this book may be reproduced or transmitted in any form or by any means, electronic or mechanical, including photocopying, recording or by any information storage retrieval system, without permission from Pearson Education, Inc.

Chinese simplified language edition published by China Machine Press, Copyright © 2024.

Authorized for sale and distribution in the Chinese Mainland only (Excluding Hong Kong SAR, MACAO SAR and Taiwan).

本书中文简体字版由 Pearson Education（培生教育出版集团）授权机械工业出版社在中国大陆地区（不包括香港、澳门特别行政区及台湾地区）独家出版发行。未经出版者书面许可，不得以任何方式抄袭、复制或节录本书中的任何部分。

本书封底贴有 Pearson Education（培生教育出版集团）激光防伪标签，无标签者不得销售。

北京市版权局著作权合同登记　图字：01-2024-1460 号。

图书在版编目（CIP）数据

函数式设计：原则、模式与实践 /（美）罗伯特·C. 马丁（Robert C. Martin）著；吾真本，姚琪琳，覃宇译 . —北京：机械工业出版社，2024.6

书名原文：Functional Design: Principles, Patterns, and Practices

ISBN 978-7-111-75781-8

Ⅰ. ①函⋯　Ⅱ. ①罗⋯ ②吾⋯ ③姚⋯ ④覃⋯　Ⅲ. ① JAVA 语言 – 程序设计　Ⅳ. ① TP312.8

中国国家版本馆 CIP 数据核字（2024）第 093920 号

机械工业出版社（北京市百万庄大街 22 号　邮政编码 100037）
策划编辑：刘　锋　　　　　责任编辑：刘　锋　张秀华
责任校对：张爱妮　牟丽英　责任印制：郜　敏
中煤（北京）印务有限公司印刷
2024 年 7 月第 1 版第 1 次印刷
186mm×240mm・16.75 印张・370 千字
标准书号：ISBN 978-7-111-75781-8
定价：109.00 元

电话服务　　　　　　　　网络服务
客服电话：010-88361066　　机　工　官　网：www.cmpbook.com
　　　　　010-88379833　　机　工　官　博：weibo.com/cmp1952
　　　　　010-68326294　　金　书　网：www.golden-book.com
封底无防伪标均为盗版　机工教育服务网：www.cmpedu.com

Dedication 题 献

致我的家人。我做这一切的动力都来自我对他们的爱。

首先，致我结发 50 年的妻子：十六芳华，动人美丽。棕眸善睐，长发飘逸。俘获我心，半百已矣。时至今日，依然美丽。棕眸长发，亦如往昔。吾子之慈，吾命之锚，吾之唯一。[⊖]

致 Angela，我那美丽和永远忠诚的大女儿。她那极具感染力的微笑会融化你的心，让你相信世界上的一切都如此美好。我曾问她想成为什么样的人，她说："有趣的人！"她实现了这个目标，并远远超出了预期。她对生活的无尽热情感染了她所遇到的每一个人。她嫁给了 Matt——一个出色、勤奋、诚实（且有趣）的男人。他们把共同的爱好都倾注到对山地自行车的狂热中，并将其变成了一门挣钱的生意。他们住在树木繁茂的山顶，为我带来了三个美丽、聪明、有才华的外孙女儿，供我宠爱。

致 Micah，我那充满激情的二儿子。他遗传了他妈妈那双闪亮的棕色眼睛。我曾问他想成为什么样的人，他说："富有的人！"我很高兴他真的做得很好。他与我一起工作了近十年，然后创办了自己的软件公司。几年后，他将公司卖掉了。之后，他花了一年时间在车库里造了一架飞机。现在，他又经营着另一家软件公司。他的成功在很大程度上归功于他娶的那位美丽、勤奋和聪慧的妻子 Angelique。他们为我带来了两个出色的孙子。

致 Gina，我那永远给人惊喜的三女儿。她比我妻子还要美丽。她成了一名出色的化学工程师，与铀、氟和浓缩氢氧化钠等令人惊叹的物质打交道。她会戴上安全帽，爬上反应器，管理着化学工厂的操作团队。她嫁给了 Keith——一个出色、勤奋、诚实的机械工程师。他俩在庞大复杂的化学工厂里相识相爱。他们为我带来了三个外孙子。三年多以前，在面临着

[⊖] 本段译文由《Clojure 编程乐趣》及《Scala 程序设计：Java 虚拟机多核编程实战》译者郑晔友情贡献。——译者注

为人之母、上班工作和新冠疫情的压力时，她问我她是否可能改行做软件工程师。当然，这完全有可能。她干得棒极了！顺便说一下，她的行业经验是她干得如此棒的一个重要因素。

　　致 Justin，我那自信的小儿子。他是一个善于分析的人。对他来说，没有什么问题是无法解决的，没有什么挑战是无法应对的，没有什么错误是不可纠正的。即使你感觉这听起来有点不切实际，也请放心，他是一个最高段位的实用主义者。他选好了方向。他还有一个让人不爽的倾向，那就是，他总是正确的。他在 2020 年 1 月给他的母亲和我打电话，告诉我们一场非常严重的肺炎疫情即将到来。他推荐我们涉足加密货币，并赚了一大笔钱。他是一名出色的软件工程师，目前在奥斯汀的一家公司管理一个软件团队。他娶了 Ela —— 一个热情美丽的年轻女子。她不仅聪慧、正直，而且非常勇敢。他们为我带来两个可爱的孩子 —— 一个孙子和一个孙女 —— 这是我孩子中第一个实现儿女双全的家庭。

　　对于一个男人来说，还有比子孙满堂更幸福的吗？

推 荐 序

非常荣幸有机会为这本关于函数式编程的书作序。

早在 2008 年我就开始使用 Haskell 学习函数式编程，并在 2012 年通过学习 Common Lisp 和 Clojure 的书籍深入研究 Lisp 系列的编程语言。时光荏苒，我已经使用 Clojure 近 12 年了，其中使用 Clojure 编写前端和服务器代码的时间至少有 5 年。我很愿意在此分享我使用函数式编程语言的感悟。

为什么要学习函数式编程？

我最早接触的编程语言是 Basic，那是在我初中的时候。后来，我学习了 Java 和 C 这样的命令式编程语言。刚开始学习 Haskell 时，我感到非常吃力。我曾经以为 Haskell 没有引用或指针，因此很多程序都无法实现。直到我的老师告诉我，我们可以认为在 Haskell 中所有的返回结果都是新的，我才逐渐理解了函数式编程的大致思想。我之前的思维方式其实很大程度上被我以为的"经验"限制住了。

之后，我学习了自动机理论、图灵机以及许多编程语言的抽象机，又读了 1977 年图灵奖得主 John Backus 发表的著名报告——"Can Programming be liberated from the von Neumann Style? A functional style and its algebra of programs"。我意识到，编程并不只有一种思维方式。

编程并不一定非要基于用指令改变机器状态的思想。这种利用指令改变状态的编程方法往往会使程序的各个部分充满各种状态。程序员需要在脑海中构建一个机器模型，然后通过执行这些代码来理解其运作方式。这种状态的分散会增加程序员的认知负担，使程序员感到压力重重。

另外，可变状态所产生的函数副作用会降低程序的可并行性、可组合性和可读性。图灵奖得主的这篇报告明确提出可以使用函数式编程和程序的代数方法来提高这些性质。有趣的是，Backus虽然因为发明了命令式编程语言Fortran而获得图灵奖，但他在颁奖典礼上的报告是称赞函数式编程的。

函数式编程和面向对象编程有各自的优势和适用场景。

函数式编程提供了一种解决问题的方式，例如，处理语法树的任务，它使用高阶函数，比复杂设计模式更简单。在函数式编程中，我们可以通过函数来实现工厂方法模式的目的。函数式编程视JSON解析为纯函数，强调函数的无状态性和副作用的最小化，强调计算的可预测性和安全性。

函数式编程中的函数具有强大的组合能力，可以进行连续调用和复合，这为构建复杂逻辑提供了便利。纯函数的特性使并行计算成为可能，有利于提高代码的可读性。

总的来说，函数式编程和面向对象编程各自展现了不同的优点和适用场景。

阅读Bob大叔的这本书能帮助你理解和应用它们的独特特性，以便更有效地解决各种编程问题。

张淞，华为高级开发工程师

The Translator's Words 译 者 序

"GitHub Copilot 将取代程序员。"

"ChatGPT 使程序员的前途堪忧吗？"

"Devin 标志着程序员的末日即将来临。"

自 2021 年 GitHub Copilot 推出以来，每当 AI 工具制造者们推出一款能替代程序员生成代码的工具时，自媒体平台就会充斥着对程序员职业的质疑声。

在这些质疑声中，Bob 大叔的新作 *Functional Design: Principles, Patterns, and Practices* 亮相了。

如今，首个 AI 程序员 Devin 已经能够自动学习新技术，端到端部署应用程序，找出并修复代码中的 bug，训练和调整自己的 AI 模型，并完成一些小型软件开发项目。在这种情况下，人类程序员学习函数式设计的意义何在？

实际上，这也是我们几位译者经常思考的问题。为什么在 AI 大放异彩的今天，我们会花费几个月的时间来翻译这本书？

由于使用 AI 辅助工作已经开始成为常态，我也不例外，向 AI 提出了这个问题。

AI 的回答自然彬彬有礼、十分谦逊、一本正经且看起来面面俱到。

"首先，软件开发不仅仅是编写代码。这个过程包括需求分析、设计、代码编写、测试、维护等多个环节。虽然 AI 可以在某些环节，特别是编码阶段提供帮助，但需求分析和设计等其他方面仍然需要人类的直觉、经验和创造力。

"其次，人类程序员能够提供的创造性解决方案和创新思维，目前 AI 技术难以复制。AI 和机器学习模型在处理已知问题和模式识别方面表现出色，但在面对全新挑战和未知领域时，它们的效果通常不如人类。

"再次，函数式设计和其他编程范式教会程序员的不仅仅是代码编写技巧，更重要的是思考问题的方式、系统架构的设计理念和软件开发的最佳实践。这些深层次的知识和理解是任何成功的软件项目不可或缺的，同时也是 AI 目前无法完全掌握的。

"最后，随着技术的发展，新的工具和技术的出现总是会导致职业角色的变化。历史上，从打字机到计算机，从手工绘图到 CAD 软件，每一次技术革新都伴随着对技能的重新评估和职业的转变。在 AI 的情况下，程序员可能需要学习如何与这些工具协作，利用它们来提高生产力，而不是被它们所取代。"

但作为一位资深的人类程序员，我认为 GenAI 的上述回答并未直接触动人类程序员的内心。在 GenAI 普遍存在的当下，人类程序员仍然需要学习函数式设计，这主要有三个**触动人心**的"两饭一命"的原因：保住已有的饭碗，寻找新的饭碗，以及保护自己的生命。

学习函数式设计**有助于保住已有的饭碗**。在未来很长的一段时间内，代码出现错误时，责任还是会落在使用 GenAI 的人类程序员身上，而不是 GenAI 身上。因此，作为 GenAI 的"监督者"，人类程序员需要能够理解 GenAI 生成的代码——包括函数式风格的代码，并能指出其中关于多线程并发代码的缺陷。这样，当软件出现故障时，他们就不会因为无法理解代码而手足无措，避免了被解雇的风险。

学习函数式设计**有助于寻找新的饭碗**。新的现代编程需求正在呼唤程序员。随着实时数据处理和响应式用户界面等变得越来越重要，函数式编程的概念［如流（stream）和函数组合］为处理数据流提供了一种强大的模型。此外，在大数据和分布式系统等领域，需要进行大量数据的并行计算。函数式编程的无副作用特性和高度抽象使其更适合在这些场景下表达和优化计算过程。

学习函数式设计**有助于保护自己的生命**。在许多公司，程序员常常需要加班修复软件缺陷。如果发现代码是由具有不变性的函数式风格编写的，那么理解、测试和维护这些代码就会更容易。这能大量减少调试包括多线程并发问题在内的难以处理的缺陷的时间消耗和精神压力，从而大大降低因加班过度而导致过劳死的风险。

从现年 72 岁的 Bob 大叔的函数式设计之旅中，我们可以看到，他所追求的不变性和 SOLID 等设计原则不仅可以提升代码的可读性、可靠性和可维护性，还可以帮助程序员实现"两饭一命"的目标。

2003 年，51 岁的 Bob 大叔在他的朋友 Michael Feathers 的带领下进入了函数式编程世界。

当时，Feathers 正在学习 Haskell，并用他的热情感染了 Bob 大叔。

2009 年，57 岁的 Bob 大叔开始了他的 Clojure 学习之旅。他阅读了程序员 Stuart Halloway 出版的 *Programming Clojure* 一书（中文版书名为《Clojure 程序设计》）。

2014 年，62 岁的 Bob 大叔与程序员 Scott Wlaschin 在网上进行了一场关于函数式编程是否存在设计模式的辩论。在 YouTube 的一个高达近 19 万观看量的视频中，Wlaschin 用生动的 PPT 阐述了 Bob 大叔所倡导的各种面向对象的设计模式是如何在函数式编程世界中纷纷都化作函数的。然而，Bob 大叔以他所特有的犀利言辞进行了坚决反驳。

2018 年，Wlaschin 出版了 *Domain Modeling Made Functional: Tackle Software Complexity with Domain-Driven Design and F#*。这本书可以看作一个函数式程序员对这场函数式设计辩论的表态。这本书在亚马逊网站上获得了 4.7 分的高评分和 313 条评论。

2023 年，71 岁的 Bob 大叔出版了本书的英文版。这本书可以看作一个面向对象程序员对这场辩论的交代。他在书中强调，面向对象编程和函数式编程是可以兼容的。优秀的程序员应该并且可以融合两者，取其精华，弃其糟粕。

作为面向对象和函数式设计的终身学习者，我很乐于消化两人的辩论和著作。

有人可能会问，你到底属于哪个阵营？

在我看来，面向对象和函数式这两种风格的设计并不是"只择一而终"的，而更像"艺多不压身"的技艺。同时掌握这两门技艺会更加方便地实现程序员"两饭一命"的目标。

我们对华为高级开发工程师张淞（《Haskell 函数式编程入门》一书的作者）表示深深的感谢。他基于最近 16 年对 Clojure、Common Lisp 和 Haskell 等函数式编程语言的使用经验，欣然为本书作了序。

我们非常感谢本书的技术评审者：程序员周加平、Thoughtworks 港澳技术总监鄢倩、张淞，以及 Oracle Duke 选择奖项目 Moco 作者、极客时间专栏作者郑晔。他们的专业知识和精细的修改意见对确保本书翻译的准确性和清晰度起了至关重要的作用。

我们对投身于 Scala 函数式编程的软件手艺人大魔头（杨云），周加平，郑晔，《解构领域驱动设计》作者张逸，人保信息科技有限公司高级经理田杰，Thoughtworks 中国区总经理肖然，鄢倩，以及 Odd-e 技术教练姚若舟表示深深的感谢。他们所撰写的推荐语为本书增添了亮丽的色彩。

我们还要特别感谢本书的编辑老师。他们的指导和支持在整个过程中发挥了至关重要的作用。

最后我个人还要感谢所有合译者的家人和朋友。没有他们的大力支持，就没有这本书的诞生。

在翻译过程中，尽管我们努力做到准确和清晰，但难免会有疏漏。我们欢迎读者提出建设性批评和建议。我们希望这本书不仅能指引对函数式编程感兴趣的读者，还能帮助程序员实现"两饭一命"的目标。

随着这本书的推出，我们邀请你与 Bob 大叔一起踏上这段旅程，探索函数式编程，挑战既有观念。也许这本书会激励你以新的视角看待软件设计，正如我们一样。

程序员吾真本

2024 年 4 月 6 日于北京

Foreword 序

Bob 大叔无须多做介绍。作为软件开发领域的知名人物，Bob 大叔撰写了多部关于软件设计和交付的著作。世界上有一些大学也在把他的部分作品用作计算机科学课程的教材。

当还是大学生的时候，我便开始涉足函数式编程。虽然并未去听那些讲授 Scheme 和 C 语言的顶级计算机科学课程，但我对计算领域的一切都充满渴望。当时，人们并不关注函数式编程。但在那时，我看到了编程的未来趋势，未来开发者能更多地去思考要解决的问题，而不仅仅是怎么管理这些问题。读完这本书后，真心希望无论是过去还是现在，无论是作为学生还是进入职场，我都能与这本书为伴。

这本书给人一种"落笔即经典"的感觉。它像是为专业软件开发者量身定制的。Bob 大叔讨论了软件工程的基础，并对其进行了拓展。他用简洁的语言描述了我多年的经验和感受。他优雅地拉开了帷幕，既揭示了如何使用函数式编程元素来让软件设计既简单又务实，又没有疏远那些在 C#、C++ 或 Java 等语言上有丰富经验的面向对象的程序员。

通过引入与 Java 的比较性分析，本书用 Clojure 语言（一种 Lisp 方言）讲解了函数式系统设计。对于程序员在编程时使用纯函数式概念的程度，Clojure 并不像 Haskell 语言那样纯粹。前者只是强烈推荐，而后者则要求必须使用。这使 Clojure 成为学习函数式编程的首选语言。这本书详细地指出了 Clojure 开发者时常会遇到的一些陷阱。作为一名 Clojure 顾问，我可以证实这一点。本书讲授了如何把一种语言（和开发者习惯）用得不产生阻碍，而不是寻找某种可以绕过阻碍的方法。

Clojure 的批评者认为，Clojure 难以应付代码量很大的场景。但接下来的章节会介绍，设计原则和模式同样适用于 Clojure，就如同它们适用于 Java、C# 或 C++ 一样。SOLID 设计原则在使用函数式编程构建更好的软件方面有很大帮助。函数式程序员一直以来都在嘲笑设计模式，但这本书颠覆了这样的批评观点，并针对设计原则和模式准确地解释了为什么开发者需要它们，以及如何自己实现它们。

我在网上写了很多关于如何在 Clojure 中运用经典设计模式的文章。我很高兴，因为我发现这本书在向读者展示代码之前，周到地用设计图来介绍如何使用设计模式。当读到那些章节时，仅通过设计图就可以想象出 Clojure 的代码该是什么样的，然后再去看代码进行印证。最后，这本书还通过引导你逐步完成一个使用了设计原则和模式的 Clojure "企业级"应用程序，将所有内容串联了起来。

Janet A. Carr，独立 Clojure 顾问

Preface 前言

这是一本为每日编写代码的程序员所写的书,目的是帮助他们了解如何使用函数式编程语言来完成实际的任务。因此,我不会花太多时间去探讨函数式编程的理论,如 Monads、Monoids、Functors、Categories 等。这并不是说这些理论不正确、无价值或不相关,而是因为它们通常不会出现在程序员的日常工作中。这些理论已经与常见的语言、代码库和框架融为了一体。如果对函数式理论感兴趣,推荐阅读 Mark Seemann 的著作。

本书探讨的是如何(以及为何要)在日常工作中使用函数式编程为真实的客户构建真实的系统。接下来,我们将比较下面两种常见的代码结构——面向对象语言(如 Java)和函数式语言(如 Clojure)。

我之所以选择这两种语言,是因为 Java 使用得非常广泛,Clojure 则极容易学习。

函数式编程和过程式编程简史

1936 年,艾伦·图灵(Alan Turing)和阿隆佐·丘奇(Alonzo Church)这两位数学家独立解决了大卫·希尔伯特(David Hilbert)所提出的著名难题之一:可判定性问题。虽然由于前言的篇幅限制,我们无法详细描述这个问题,但只需知道这与寻找整数公式的通解[一]有关即可。这与我们所讨论的主题相关,因为数字计算机中的每个程序其实都是一个整数公式。

这两位数学家独立地证明了这样的通解不存在。他们证明了存在这样的整数,它们永远不能由比该整数小的整数公式计算出来。另一种说法是,存在计算机程序无法计算的数字。实际上,这就是艾伦·图灵所使用的方法。在 1936 年所发表的著名论文[二]中,图灵发明了一

[一] 即丢番图方程(Diophantine equations),又称不定方程,是未知数只能为整数的整数系数多项式等式。因古希腊数学家丢番图首先对其进行研究而得名。——译者注

[二] A. M. Turing, "On Computable Numbers, with an Application to the Entscheidungsproblem" (May 1936).

种数字计算机，并证明了即使给定无限的时间和空间，计算机也无法计算某些数字[1]。

另外，丘奇通过他所发明的 lambda 演算（一种用于操作函数的数学形式化方法）得出了同样的结论。通过对形式化方法逻辑的操作，他证明了存在无法解决的逻辑问题。

图灵的发明是所有现代数字计算机的前身。所有数字计算机实际上都是一台（有限）图灵机。所有在数字计算机上执行的程序实际上都是一个图灵机程序。

丘奇和图灵后来合作证明了他们俩的方法是等价的。图灵机中的每一个程序都可以用 lambda 演算来表示。反之亦然。

所有的函数式编程实际上都是 lambda 演算。

这两种编程风格在数学上是等价的。任何程序都可以使用过程式风格（图灵）或函数式风格（丘奇）来编写。本书要探讨的不是这种等价性，而是如何使用函数式方法影响程序的结构和设计。我们将试图确定函数式方法产生的结构和设计是否优于或劣于使用过程式方法所产生的结构和设计。

关于 Clojure

本书选择 Clojure 是因为学习新语言比较难，如果同时学习新范式的话，更是难上加难。因此，为了简化学习任务，我选择了一门既足够简单又能够让我们学习函数式编程和函数式设计的语言。

Clojure 语义丰富且语法简单。语法简单意味着学习起来比较轻松。学习 Clojure 的难点都在语义方面。虽然代码库和习惯用法需要很大的努力去内化，但学习语言本身几乎不费力气。希望本书能提供一种学习和欣赏函数式编程的方法，其间不会让大家因新语言的语法而分心。

话虽如此，但本书并不是 Clojure 教程[2]。在前几章中，我会解释一些 Clojure 的基础知识并使用一些解释性的脚注。同时，期望亲爱的读者去做功课并查找相关资料。有几个很好的网站可供查询，我最喜欢的网站是 https://clojure.org/api/cheatsheet。

本书会使用 `speclj`[3] 测试框架。随着内容的展开，测试代码会越来越多。它与其他受欢

---

[1] 给定无限的时间和空间，计算机可以计算 π、ε 或任何其他存在公式的无理数或超越数。图灵和丘奇证明的是，有些数字不存在这样的公式。这些数字是"无法计算的"。

[2] 读到最后，你会认为我在说瞎话。

[3] https://github.com/slagyr/speclj

迎的测试框架非常相似，因此在阅读过程中，熟悉它的各种功能并不难。

关于架构和设计

本书的重点是描述用函数式方法构建的系统的设计和架构原则。为此，我将使用统一建模语言（Unified Modeling Language，UML）图，并参考软件设计的 SOLID 原则[一]、设计模式[二]，以及整洁架构的概念。不用担心，书中会解释这些概念，并引用许多外部参考资料供你查阅。

关于面向对象

许多人都认为，面向对象编程和函数式编程互不兼容。本书应该能够证明事实并非如此。本书中的程序、设计和架构是函数式和面向对象概念的融合体。根据经验，我坚定地认为，这两种风格是完全兼容的。好的程序员可以并且应该将两者兼收并蓄，相互为用。

关于"函数式"

本书会使用"函数式"这个术语，并对其进行定义和阐述。随着内容的展开，我也会对这个概念做一些修正。有些例子虽然是用函数式语言和函数式风格编写的，但并不是纯粹的函数式。在大多数情况下，我会为"函数式"这个词加上引号，并使用脚注指出所做的修正。

为何要做修正？因为本书强调的是实用，而非理论。从函数式风格中获得好处（而不是严格遵循理论）会更有趣。正如我们将在第 1 章中看到的，接受用户提供的输入参数的"函数"并不是纯粹的函数式，但本书会在需要实用性的地方使用这样的"函数"。

本书所有示例的源代码都存放在一个 GitHub 仓库中，地址为 https://github.com/unclebob/FunctionalDesign。

[一] Robert C. Martin, *Clean Architecture* (Pearson 2017), p. 57.
[二] Erich Gamma, Richard Helm, Ralph Johnson, and John Vlissides, *Design Patterns: Elements of Reusable Object-Oriented Software* (Addison-Wesley, 1994).

致 谢 Acknowledgements

感谢 Pearson 公司勤奋和专业的团队帮助我出版了这本书。感谢长期以来帮助和支持我的出版人 Julie Phifer，以及她的同事 Menka Mehta、Julie Nahil、Audrey Doyle、Maureen Forys、Mark Taber 等。与他们的合作充满乐趣。我期待着未来有更多这样的合作。

感谢 Jennifer Kohnke。在过去的 30 年里，她为我的书籍制作了大部分精美的插图。早在 1995 年，为了赶在交付日期前完工，Jennifer、Jim Newkirk 和我熬夜工作，确保我的第一本书的插图格式和组织方式完全符合要求。

感谢 Michael Feathers。他在 20 年前建议我研究函数式编程。当时他正在学习 Haskell，兴奋地感受这门语言的无穷可能。我发现他的热情很有感染力。

感谢 Mark Seemann（@ploeh）写出了一贯有洞察力的作品。感谢他对我的作品所提出的敏锐而又极为理性的评论。

感谢 Stuart Halloway。我读的第一本关于 Clojure 的书就是他写的。15 年前，我开始研究函数式编程，并乐此不疲。Stuart 很友善地指导我进行了第一次函数式编程实验。此外，很久以前我向 Stuart 说了一些不妥当的话，在此表示歉意。

感谢 Rich Hickey。他在 20 世纪 90 年代初曾和我讨论过 C++ 和面向对象设计。之后，他马不停蹄地创造了 Clojure 语言，并指导了这门语言的开发。我一直惊叹 Rich 对软件的洞察力。

虽然从未谋面，但我要感谢 Harold Abelson、Gerald Jay Sussman 和 Julie Sussman 写了那本真正激励我追求函数式编程的书。那本 The Structure and Interpretation of Computer Programs（SICP）可能是我读过的所有软件书籍中最有影响力的。只要在网上搜索"SICP"，就能免费获得那本书。

感谢 Janet Carr 为本书作序。有一天在浏览 Twitter 时，我偶然发现了 Janet 的作品。她对函数式编程和 Clojure 的很多看法与我相同。

感谢我可爱的女儿 Gina Martiny 为本书写了后记。她是一位出色的化学工程师和软件工程师。大家可以在前面的题献中找到关于她的更多介绍。

作者简介 *About the Author*

Robert C. Martin（Bob 大叔）的编程生涯始于 1970 年。他是 Uncle Bob Consulting 有限责任公司的创始人，与儿子 Micah Martin 共同创立了 Clean Coders 有限责任公司。Martin 在各种行业杂志上发表了数十篇文章，并经常在国际会议和行业展会上发表演讲。他撰写和编辑了许多书籍，包括 *Designing Object-Oriented C++ Applications Using the Booch Method*、*Pattern Languages of Program Design 3*、*More C++ Gems*、*Extreme Programming in Practice*、*Agile Software Development: Principles, Patterns, and Practices*[一]、*UML for Java Programmers*[二]、*Clean Code*[三]、*The Clean Coder*[四]、*Clean Architecture*[五]、*Clean Craftsmanship*[六]和 *Clean Agile*[七]。作为软件开发行业的领军人物，Martin 曾担任 *C++ Report* 杂志的主编三年，并担任敏捷联盟的首任主席。

[一] 中文版书名为《敏捷软件开发：原则、模式与实践》。——译者注
[二] 双语版书名为《UML：Java 程序员指南（双语版）》。——译者注
[三] 中文版书名为《代码整洁之道》。——译者注
[四] 中文版书名为《代码整洁之道：程序员的职业素养》。——译者注
[五] 中文版书名为《架构整洁之道》。——译者注
[六] 中文版书名为《匠艺整洁之道：程序员的职业修养》。——译者注
[七] 中文版书名为《敏捷整洁之道：回归本源》。——译者注

目 录

题 献
推荐序
译者序
序
前 言
致 谢
作者简介

第一部分 函数式基础

第1章 不变性 ·· 2
1.1 什么是函数式编程 ······················ 3
1.2 赋值的问题 ·································· 5
1.3 为什么叫它"函数式" ················· 7
1.4 没有状态改变吗 ·························· 8
1.5 不变性概念 ································ 11

第2章 持久性数据 ···························· 12
2.1 关于瞒天过海 ···························· 14
2.2 制作副本 ···································· 14
2.3 结构共享 ···································· 16

第3章 迭代和递归 ···························· 19
3.1 迭代 ·· 20
    3.1.1 极简 Clojure 教程 ············ 20
    3.1.2 迭代概述 ·························· 22
    3.1.3 TCO、Clojure 和 JVM ···· 22
3.2 递归 ·· 23

第4章 惰性 ·· 26
4.1 惰性累积 ···································· 28
4.2 为何需要惰性 ···························· 28
4.3 尾声 ·· 29

第5章 状态性 ···································· 30
5.1 何时必须"可变" ······················ 33
5.2 软件事务内存 ···························· 34
5.3 生活不易,软件更难 ················ 36

第二部分 比较性分析

第6章 质因数练习 ···························· 39
6.1 Java 版 ·· 40

6.2　Clojure 版 ⋯⋯⋯⋯⋯⋯⋯⋯⋯⋯⋯⋯ 43
6.3　总结 ⋯⋯⋯⋯⋯⋯⋯⋯⋯⋯⋯⋯⋯⋯ 45

第 7 章　保龄球练习 ⋯⋯⋯⋯⋯⋯⋯⋯ 46

7.1　Java 版 ⋯⋯⋯⋯⋯⋯⋯⋯⋯⋯⋯⋯⋯ 47
7.2　Clojure 版 ⋯⋯⋯⋯⋯⋯⋯⋯⋯⋯⋯⋯ 51
7.3　总结 ⋯⋯⋯⋯⋯⋯⋯⋯⋯⋯⋯⋯⋯⋯ 54

第 8 章　八卦公交司机练习 ⋯⋯⋯⋯ 56

8.1　Java 版 ⋯⋯⋯⋯⋯⋯⋯⋯⋯⋯⋯⋯⋯ 57
　　8.1.1　公交司机文件 ⋯⋯⋯⋯⋯⋯⋯ 62
　　8.1.2　行车线路文件 ⋯⋯⋯⋯⋯⋯⋯ 62
　　8.1.3　公交车站文件 ⋯⋯⋯⋯⋯⋯⋯ 63
　　8.1.4　八卦故事文件 ⋯⋯⋯⋯⋯⋯⋯ 64
　　8.1.5　模拟过程文件 ⋯⋯⋯⋯⋯⋯⋯ 64
8.2　Clojure 版 ⋯⋯⋯⋯⋯⋯⋯⋯⋯⋯⋯⋯ 65
8.3　总结 ⋯⋯⋯⋯⋯⋯⋯⋯⋯⋯⋯⋯⋯⋯ 69

第 9 章　面向对象编程 ⋯⋯⋯⋯⋯⋯⋯ 70

9.1　函数式工资问题解决方案 ⋯⋯⋯⋯ 72
9.2　命名空间与源文件 ⋯⋯⋯⋯⋯⋯⋯ 78
9.3　总结 ⋯⋯⋯⋯⋯⋯⋯⋯⋯⋯⋯⋯⋯⋯ 78

第 10 章　类型 ⋯⋯⋯⋯⋯⋯⋯⋯⋯⋯⋯ 80

第三部分　函数式设计

第 11 章　数据流 ⋯⋯⋯⋯⋯⋯⋯⋯⋯⋯ 86

第 12 章　SOLID ⋯⋯⋯⋯⋯⋯⋯⋯⋯⋯ 92

12.1　单一职责原则 ⋯⋯⋯⋯⋯⋯⋯⋯⋯ 93

12.2　开闭原则 ⋯⋯⋯⋯⋯⋯⋯⋯⋯⋯⋯ 96
　　12.2.1　函数 ⋯⋯⋯⋯⋯⋯⋯⋯⋯⋯ 97
　　12.2.2　带虚表的对象 ⋯⋯⋯⋯⋯⋯ 98
　　12.2.3　多重方法 ⋯⋯⋯⋯⋯⋯⋯⋯ 98
　　12.2.4　独立部署 ⋯⋯⋯⋯⋯⋯⋯⋯ 99
12.3　里氏替换原则 ⋯⋯⋯⋯⋯⋯⋯⋯⋯ 101
　　12.3.1　ISA 原则 ⋯⋯⋯⋯⋯⋯⋯⋯ 103
　　12.3.2　这不对 ⋯⋯⋯⋯⋯⋯⋯⋯⋯ 105
　　12.3.3　代表原则 ⋯⋯⋯⋯⋯⋯⋯⋯ 106
12.4　接口隔离原则 ⋯⋯⋯⋯⋯⋯⋯⋯⋯ 106
　　12.4.1　不需要就别依赖 ⋯⋯⋯⋯⋯ 108
　　12.4.2　为什么 ⋯⋯⋯⋯⋯⋯⋯⋯⋯ 108
　　12.4.3　总结 ⋯⋯⋯⋯⋯⋯⋯⋯⋯⋯ 109
12.5　依赖倒置原则 ⋯⋯⋯⋯⋯⋯⋯⋯⋯ 109
　　12.5.1　回忆杀 ⋯⋯⋯⋯⋯⋯⋯⋯⋯ 111
　　12.5.2　违背依赖倒置原则 ⋯⋯⋯⋯ 119
　　12.5.3　总结 ⋯⋯⋯⋯⋯⋯⋯⋯⋯⋯ 129

第四部分　函数式实用主义

第 13 章　测试 ⋯⋯⋯⋯⋯⋯⋯⋯⋯⋯⋯ 132

13.1　REPL ⋯⋯⋯⋯⋯⋯⋯⋯⋯⋯⋯⋯⋯ 133
13.2　Mock ⋯⋯⋯⋯⋯⋯⋯⋯⋯⋯⋯⋯⋯ 133
13.3　基于性质的测试 ⋯⋯⋯⋯⋯⋯⋯⋯ 134
13.4　诊断技术 ⋯⋯⋯⋯⋯⋯⋯⋯⋯⋯⋯ 137
13.5　函数式 ⋯⋯⋯⋯⋯⋯⋯⋯⋯⋯⋯⋯ 143

第 14 章　GUI ⋯⋯⋯⋯⋯⋯⋯⋯⋯⋯⋯ 144

第 15 章　并发性 ⋯⋯⋯⋯⋯⋯⋯⋯⋯⋯ 155

第五部分　设计模式

第 16 章　设计模式回顾 ………… 165
16.1　函数式编程中的模式 ………… 167
16.2　抽象服务器模式 ………………… 168
16.3　适配器模式 ……………………… 170
16.4　命令模式 ………………………… 174
16.5　组合模式 ………………………… 178
16.6　装饰器模式 ……………………… 186
16.7　访问者模式 ……………………… 189
16.7.1　To Close or to Clojure ……… 191
16.7.2　90° 问题 …………………… 193
16.8　抽象工厂模式 …………………… 196
16.8.1　90° 问题重现 ……………… 199
16.8.2　类型安全吗 ………………… 201
16.9　总结 ……………………………… 201
16.10　补充：面向对象是毒药吗 ……… 201

第六部分　案 例 研 究

第 17 章　Wa-Tor 小游戏 ……………… 204
17.1　如鲠在喉 …………………………… 220
17.2　解决问题 …………………………… 222
17.3　让鱼疯狂繁殖 ……………………… 230
17.4　对于鲨鱼 …………………………… 231
17.5　总结 ………………………………… 240

后记 ………………………………………… 242

第一部分 Part 1

函数式基础

- 第 1 章 不变性
- 第 2 章 持久性数据
- 第 3 章 递归和迭代
- 第 4 章 惰性
- 第 5 章 状态性

第 1 章

不 变 性

1.1 什么是函数式编程

如果随便问个程序员什么是函数式编程,我们可能会听到以下这些答案:
- 用函数进行编程;
- 函数是"一等公民"元素;
- 具有引用透明性①的编程方式;
- 具有基于 lambda 演算的编程风格。

虽然这些断言可能是正确的,但对人们而言并不是特别有帮助。我认为更好的答案是:没有赋值语句的编程。

也许你认为这个定义也没好到哪儿去,或许甚至让人感到害怕。毕竟,赋值语句与函数有什么关系?没有赋值语句该如何编程?

这些都是好问题。本章会做出解答。

请考虑以下简单的 C 程序:

```c
int main(int ac, char** av) {
    while(!done())
        doSomething();
}
```

它是几乎所有程序的核心循环。其字面意思是:"做某事,直到完成。"此外,在这个程序中,我们看不见赋值语句。它是函数式的吗?如果是的话,是否意味着每个程序都是函数式的?

我们来让这个函数做点事。让它计算从 1 到 10 这十个整数的平方和:

```c
int n=1;
int sum=0;
int done() {
  return n>10;
}

void doSomething() {
  sum+=n*n;
  ++n;
}

void sumFirstTenSquares() {
    while(!done())
        doSomething();
}
```

---

① 引用透明性(referential transparency)指函数式编程的如下特点:如果给定一个函数及其输入值,那么无论何时调用该函数,无论调用多少次,输出值都将始终相同。例如,函数 $f(x) = x + 3$ 是引用透明的,因为每次为它提供一个输入值(例如 6),总是会得到输出值 9。这种可预测性能确保可以用相应的输出值来替换函数调用本身,而不影响程序的行为。这在 1.3 节中有解释。——译者注

这个程序不是函数式的，因为在 `doSomething` 函数中有两条赋值语句，而且里面有两个丑陋的全局变量。我们改进一下：

```
int sumFirstTenSquares() {
  int sum=0;
  int i=1;
loop:
  if (i>10)
    return sum;
  sum+=i*i;
  i++;
  goto loop;
}
```

这下好多了，那两个全局变量已经变成了局部变量。但程序仍然不是函数式的。也许你担心那个 `goto` 语句。使用它有充分的理由。请耐心地看下面这个小修改——使用一个 `Helper` 函数将局部变量转换为函数参数：

```
int sumFirstTenSquaresHelper(int sum, int i) {
loop:
  if (i>10)
    return sum;
  sum+=i*i;
  i++;
  goto loop;
}

int sumFirstTenSquares() {
  return sumFirstTenSquaresHelper(0, 1);
}
```

虽然仍不是函数式的，但这个程序是一个重要的"里程碑"。我们稍后会提到它。现在，再改一次，神奇的事情发生了：

```
int sumFirstTenSquaresHelper(int sum, int i) {
  if (i>10)
    return sum;
  return sumFirstTenSquaresHelper(sum+i*i, i+1);
}

int sumFirstTenSquares() {
  return sumFirstTenSquaresHelper(0, 1);
}
```

所有的赋值语句都消失了，这个程序也变成了函数式的。它同时也是递归的。这并非偶然。如果想摆脱赋值语句，就必须使用递归机制。递归机制允许用函数参数的初始化来替换局部变量的赋值。

但这种写法会消耗大量栈空间。此时，可以使用一个小技巧来解决这个问题。

请注意，上面函数中最后一次调用 sumFirstTenSquaresHelper 时也是该函数最后一次使用 sum 和 i。因此，在初始化递归调用的这两个参数之后，还在栈上保留这两个变量就没有意义了。此时，如果不为递归调用创建一个新的栈帧（stack frame）空间，而是通过 goto 跳回函数的顶部来重用当前的栈帧空间，就像在里程碑程序中那样，会有什么效果？

这个有趣的小技巧就是尾调用优化（Tail Call Optimization，TCO），可以用于所有的函数式语言⊖。

请注意，TCO 实际上将上文最后一段程序转变为里程碑程序了。里程碑程序中函数 sumFirstTenSquaresHelper 的最后三行实际上就是递归函数调用。这是否意味着里程碑程序也是函数式的？不是，只是行为上相同罢了。该程序在源代码级别不是函数式的，因为它有赋值语句。但如果退后一步，忽略这样的事实——用改变局部变量来替代在新的栈帧空间中重新实例化，那么该程序在行为上就像是一个函数式程序。

正如下一节将要讨论的，虽然里程碑程序与函数式程序在行为上相同，但还是有差异的。与此同时，请记住，当使用递归来消除赋值语句时，并不一定会耗费大量的栈空间。常用的编程语言几乎都使用了 TCO。

1.2 赋值的问题

我们首先为赋值下定义。为变量赋值会将变量的原始值更改为新赋的值。这种变化被称为赋值。

在 C 语言中，我们以如下方式初始化变量：

```
int x=0;
```

但会以如下方式为变量赋值：

```
x=1;
```

在前一种情况下，变量 x 存在且带有一个值 0。在初始化之前，变量 x 并不存在。在后一种情况下，我们将 x 的值改为 1。这看起来可能不重要，但意义深远。

在前一种情况下，我们不知道 x 是否真的是一个变量。它有可能是一个常量。在后一种情况下，毫无疑问 x 是一个变量。我们通过为其赋予新值来改变 x。因此，可以说函数式编程就是没有变量的编程。函数式程序中的值不会变化。

⊖ 编程语言的编译器能以各种方式来实现 TCO。Java 虚拟机（Java Virtual Machine，JVM）实现 TCO 时有点复杂。当然，C 语言的编译器是不具备 TCO 功能的，所以本书所有 C 语言递归的示例就会增加栈空间。[因 JVM 的限制，Clojure 并没有自动实现 TCO，而是需要手动用 'recur' 关键字来实现。另外，尽管微软的 Visual C++ 编译器（MSVC）长期以来没有实现面向 C 语言的 TCO，但是其他一些 C 语言编译器（如 gcc）实现了面向 C 语言的 TCO。——译者注]

为什么这是可取的？请考虑以下情况：

```
.
//Block A
.
x=1;
.
//Block B
.
```

系统在执行 Block A 期间的状态与执行 Block B 时的不同，这意味着 Block A 必须在 Block B 之前执行。如果交换它们的位置，系统很可能不会正确执行。

这被称为顺序耦合或时序耦合——在时间上的耦合，这一点大家都非常熟悉。例如，open 必须在 close 之前调用，new 必须在 delete 之前调用，malloc 必须在 free 之前调用。像这样的成对函数[一]是无穷尽的。在很多方面，它们都是程序出问题的祸根。

你有多少次忘记关闭文件、释放内存、关闭图形上下文，或释放信号量[二]？你又有多少次在调试一个棘手的问题时，最终发现通过交换两个函数调用的次序就能修复？

编程语言中还有垃圾回收机制。

我们已经将垃圾回收这种可怕[三]的权宜之计纳入了编程语言，因为我们对时序耦合的管理实在是太差了。如果善于跟踪已分配的内存，我们就不会依靠某些令人讨厌的进程来在后台收拾我们所留下的那片狼藉。但遗憾的是，我们在管理时序耦合方面的表现真的很糟糕，以至于还庆幸我们做了一个能保护自己免受时序耦合伤害的拐杖。

这还没有考虑多线程。当两个或多个线程竞争使用处理器时，保持时序耦合的正确顺序成为更重大的挑战。这些线程可能在 99.99% 的情况下都能正确执行，但是偶尔它们可能会按错误的顺序执行并引起各种混乱。我们称这些情况为竞态条件。

时序耦合和竞态条件是使用变量编程的自然结果，也是使用赋值进行编程的自然结果。没有赋值就没有时序耦合，也就没有竞态条件[四]。如果从不更改任何内容，那么就不会遇到并发更改问题。如果系统状态在该函数内部从未更改，那么就不会遇到时序问题。

也许可以看一个简单的示例。下面还是先给出非函数式算法，这次没有 goto：

[一] 它们就像西斯（Sith），总是成对出现。（西斯是科幻电影《星球大战》中拥护原力黑暗面的教派或组织。原力是该影片所描述的宇宙中的一个核心概念，指遍布银河系的神秘能量场。西斯通常遵守"两人法则"，即同时只能有两个西斯：一个师父和一个徒弟。这意味着每个西斯都必须依赖对方：师父因为有徒弟才拥有权力，而徒弟因为有师父才渴望权力，从而形成一种相互依赖的互动状态，以及阴谋和背叛的持续循环。因为每个徒弟都旨在通过证明自己比师父优秀来成为师父。——译者注）

[二] 信号量（semaphore）指并发编程中所使用的同步原语，常用于操作系统和多线程领域。它是一种变量或抽象数据类型，用于控制并发系统（例如多任务操作系统）中的多个进程对公共资源的访问。信号量是防止竞态条件的有用工具。——译者注

[三] 垃圾回收机制中的引用计数方法也好不到哪儿去。

[四] 稍后我们会发现，这并不完全正确。正如斯波克（Spock）喜欢说的："凡事都有可能。"（斯波克是《星际迷航》科幻影片中的角色，以逻辑推理而闻名。——译者注）

```
1: int sumFirstTenSquaresHelper(int sum, int i) {
2:   while (i<=10) {
3:     sum+=i*i;
4:     i++;
5:   }
6:   return sum;
7: }
```

现在假设要使用如下语句来记录算法的进度：

`log("i=%d, sum=%d", i, sum);`

应该在哪行代码里加入这条语句？有三种可能。如果在第 2 行或第 4 行之后添加这行 `log` 语句，那么记录的数据是正确的，区别仅在于是在计算之前还是之后进行记录。如果在第 3 行之后插入 `log` 语句，那么记录的数据不正确。这是一个时序耦合问题。

现在考虑函数式写法。这个写法看起来有一个有趣的改变：

```
int sumFirstTenSquaresHelper(int sum, int i) {
  return (i>10) ? sum : sumFirstTenSquaresHelper(sum+i*i, i+1);
}
```

只有一个地方可以放置 `log` 语句，且它能记录正确的数据。

1.3 为什么叫它"函数式"

函数是将输入映射到输出的数学对象。给定 $y = f(x)$，每个 x 值都存在一个 y 值与其对应。对于函数 f 来说，其他的一切都不重要，即如果给 f 一个 x，那么每次都会得到 y。执行 f 时的系统状态与 f 无关。

或者换句话说，函数 f 不存在时序耦合，即调用 f 不存在特定的顺序。如果用 x 来调用 f，那么无论有其他任何变化，都会得到所对应的 y。

从数学意义上说，函数式程序是真函数。如果将函数式程序分解为许多较小的函数，那么每个小函数在数学意义上也是一个真函数。这被称为引用透明性。

如果始终可以用函数调用的返回值来替换函数调用本身，那么这个函数就是引用透明的。我们尝试一下使用函数式算法来计算从 1 到 10 这十个整数的平方和：

```
int sumFirstTenSquaresHelper(int sum, int i) {
  return (i>10) ? sum : sumFirstTenSquaresHelper(sum+i*i, i+1);
}

int sumFirstTenSquares() {
  return sumFirstTenSquaresHelper(0, 1);
}
```

当用函数的实现替换对 `sumFirstTenSquaresHelper` 的第一次调用时，就变成：

```
int sumFirstTenSquares() {
  return (1>10) ? 0 : sumFirstTenSquaresHelper(0+1*1, 1+1);
}
```

当替换下一个函数调用时，就变为：

```
int sumFirstTenSquares() {
  return
    (1>10) ? 0 :
      (2>10) ? 0+1*1
             : sumFirstTenSquaresHelper((0+1*1)+2*2,
                                        (1+1)+1);
}
```

现在就可以看到事情的发展方向了，即每次对 sumFirstTenSquaresHelper 的调用都可以简单地被其实现所替换，只要能适当地替换参数即可。

注意，如果用非函数式的写法重写上面的程序，就不能用这种简单的替换方法了。当然，如果愿意的话，此时可以展开循环结构来实现，但这还是不同于简单地用函数的实现来替换每个函数的调用。

因此，函数式程序是由数学意义上引用透明的真函数所组成的。这就是我们称其为函数式编程的原因。

1.4 没有状态改变吗

如果函数式程序中没有变量，那么它就无法改变状态。如果一个程序不能改变状态，那怎么指望它能有点用呢？

答案是，函数式程序可以根据旧状态计算出新状态，但并不改变旧状态。如果这听起来令人困惑，那么以下示例应该可以解释清楚：

```
State system(State s) {
  return isFinal(s) ? s : system(s);
}
```

我们可以从某个初始状态启动 system。程序会连续地将 system 从一个状态转换到另一个状态，直到最终状态。system 不会改变状态变量。相反，在每次迭代时，新状态都会从旧状态中被创建出来。

如果关闭尾调用优化并允许栈随每次递归调用而增长，那么所有以前的状态都在栈中，且不发生变化。此外，system 函数是数学意义上的真函数。如果用状态 1 调用 system，那么它每次都会返回状态 2。

如果仔细观察 sumFirstTenSquares 的函数式写法，就会看到它确实使用这种方法来改变状态，其中既没有变量，也没有内部状态。相反，该算法从初始状态转换到最终状态，一次只改变一个状态。

当然，system 函数似乎无法响应任何输入。它只是从某个初始状态开始，然后运行到完成。但是，通过简单的修改就可以创建一个"函数式"程序，它可以很好地响应输入事件：

```
State system(State state, Event event) {
  return done(state) ? state : system(state, getEvent());
}
```

现在，system 所计算的下一个状态是当前状态和传入事件的函数。瞧！这就创建了一个非常传统的有限状态机，它可以实时响应事件。

注意，上面给"函数式"加上了引号，这是因为 getEvent 并不是引用透明的，即每次调用它都会得到一个不同的结果。因此，我们不能用它的返回值替换该调用。这是否意味着这个程序实际上并不是函数式的？

严格地说，以这种方式接受输入的任何程序都不是纯函数式的。但这不是一本关于纯函数式程序的书，而是关于函数式编程的书，因此即使输入使得它不是纯函数式的，但上面程序的风格是"函数式"的。我们所关注的就是这种风格。

下面有一个用 C 语言编写的简单实时有限状态机程序。它是"函数式"的。这是经典的地铁入口闸机示例代码。

```
#include <stdio.h>

typedef enum {locked, unlocked, done} State;
typedef enum {coin, pass, quit} Event;

void lock() {
  printf("Locking.\n");
}

void unlock() {
  printf("Unlocking.\n");
}

void thankyou() {
  printf("Thanking.\n");
}

void alarm() {
  printf("Alarming.\n");
}

Event getEvent() {
  while (1) {
    int c = getchar();
    switch (c) {
      case 'c': return coin;
      case 'p': return pass;
```

```
      case 'q': return quit;
    }
  }
}

State turnstileFSM(State s, Event e) {
  switch (s) {
    case locked:
    switch (e) {
      case coin:
      unlock();
      return unlocked;

      case pass:
      alarm();
      return locked;

      case quit:
      return done;
    }
    case unlocked:
    switch (e) {
      case coin:
      thankyou();
      return unlocked;

      case pass:
      lock();
      return locked;

      case quit:
      return done;
    }
    case done:
    return done;
  }
}

State turnstileSystem(State s) {
  return (s==done)? 0
                  : turnstileSystem(
                      turnstileFSM(s, getEvent()));
}

int main(int ac, char** av) {
```

```
turnstileSystem(locked);
return 0;
}
```

请记住，C 语言不使用尾调用优化，因此栈空间会一直增长，直到内存耗尽。当然，可能需要操作程序相当多次才能耗尽内存。

1.5 不变性概念

不变性指函数式程序不包含任何变量。函数式程序中的任何代码都不会改变状态。状态的更改发生在递归函数的一次调用到下一次的传递中，但这不改变先前的状态。如果先前的状态不再被需要，尾调用优化可以优化它们。但从本质上讲，这些状态都仍然存在，且没有改变。它们一直存在于栈帧中先前栖身的某个地方。

如果函数式程序中没有变量，那么所命名的值就都是常量。一旦初始化，这些常量就永远不会消失，也不会改变。从本质上讲，每个这样的常量的整个历史记录都保持完整，它们未曾改变，因为它们是不可变的。

第 2 章
持久性数据

到目前为止，事情还相对简单。以"函数式"风格编写的程序就是没有变量的程序。我们使用递归用新值初始化新的函数参数，而不是重新为变量赋值。很简单！

但是，数据元素很少像目前为止我们所想象的那样简单。我们来看一个稍微复杂一点的问题——埃拉托斯特尼筛法[○]：

```java
package sieve;

import java.util.ArrayList;
import java.util.Arrays;
import java.util.List;

public class Sieve {
  boolean[] isComposite;

  static List<Integer> primesUpTo(int upTo) {
    return (new Sieve(upTo).getPrimes());
  }

  private Sieve(int upTo) {
    if (upTo<1)
      upTo=1;
    isComposite = new boolean[upTo+1];
    Arrays.fill(isComposite, false);
    isComposite[0]=isComposite[1] = true;
    for (int i=0; i<isComposite.length; i++)
      if (!isComposite[i])
        for (int c=i+i; c<isComposite.length; c+=i)
          isComposite[c] = true;
  }

  public List<Integer> getPrimes() {
    ArrayList<Integer> primes = new ArrayList<>();
    for (int i=0; i<isComposite.length; i++)
      if (!isComposite[i])
        primes.add(i);
    return primes;
  }
}
```

这一小段有趣的 Java 程序计算不大于某个数的所有质数。注意代码中所有的赋值语句

○ 埃拉托斯特尼筛法（The Sieve of Eratosthenes）是一种古老的算法，用于查找小于给定整数的所有素数。其工作原理是，从 2 开始迭代地将每个数的倍数结果标记为合数。在此过程中未标记的数字就是素数。埃拉托斯特尼是一位古希腊数学家，因发明埃拉托斯特尼筛法而闻名。

以及随处可见的变量。这说明这段程序一定不是函数式的。

但话又说回来，代码开头的静态函数 `Sieve.primesUpTo` 是一个数学意义上的真函数。每次用 *n* 作为参数调用它，它都能返回不大于 *n* 的所有质数。因此，我们可以瞒天过海地说，尽管底层算法使用了变量，但该算法从结果上看是函数式的。

2.1 关于瞒天过海

从某种意义上来说，计算机属于有限图灵机，它们不是基于 lambda 演算的。虽然丘奇和图灵所撰写的论文告诉我们，图灵机和 lambda 演算是等价的，但这并不意味着可以轻松地从一种形式转换为另一种形式。函数式程序是看起来像 lambda 演算的程序，但它还是在有限图灵机中实现的。这种实现就要求我们瞒天过海。

我们看到的第一种瞒天过海的手段是尾调用优化（TCO）。使用它是出于实用角度。毕竟，既然永远不需要那些之前所占据的栈帧空间，那为什么还要保留它们呢？这样做就是瞒天过海。因为从底层来看，其实现方法是改变现有变量的值。从图灵机的角度来看，所有的常量实际上都是变量。

我们可以继续将这种瞒天过海推而广之。上面那个有趣的 `Sieve` 算法完全运行在构造函数中，所以就是初始化！正如之前所学到的，初始化不是赋值。因此，这个程序在底层有变量，这与使用 TCO 时没有什么不同。从结果上来看，这个程序是函数式的。

这很有趣！我们可以继续推广瞒天过海，把它推广到有限图灵机计算机之外。然后，我们就可以对自己说：“这台计算机中运行的每一个程序都是函数式的，因为当给定相同的输入时，它总是会产生相同的输出。不用在意输入和输出会涉及计算机内存中的存储字节位。一点儿都不用在意。就是这样。"

当然，如果真这么想，那么学习函数式编程就没有什么意义了，对吧？我们可以从这个最高级别的瞒天过海退后一步，继续退后，直到无法摆脱 TCO。

没有充分的理由可以摆脱 TCO，因为没有无限的栈空间。我们当然不希望函数式程序徒劳地消耗若干 GB 的栈空间，直到系统崩溃。因此，TCO 实际上是一种不可避免的瞒天过海手段。

2.2 制作副本

对于那个 `Sieve` 算法，可以将瞒天过海往底层推进更多吗？可以用不使用任何赋值语句的方式编写那个算法吗？

问题出在 `for` 循环里。我们需要将它们转化为递归函数，以摆脱赋值语句。还需要对那两个数组做点什么。我们不能更改现有数组中元素的值，对吧？否则会使那些数组成为变量。因此，每当需要更改元素的值时，都必须制作副本：

```java
package sieve;

import java.util.ArrayList;
import java.util.Arrays;
import java.util.List;
public class Sieve {
  static List<Integer> primesUpTo(int upTo) {
    return getPrimes(
      computeSieve(
        makeSieve(Math.max(upTo, 1)),
        0),
      new ArrayList<>(), 0);
  }

  private static boolean[] makeSieve(int upTo) {
    boolean[] sieve = new boolean[upTo+1];
    Arrays.fill(sieve, false);
    sieve[0] = sieve[1] = true;
    return sieve;
  }

  private static boolean[] computeSieve(boolean[] sieve, int n) {
    if (n>=sieve.length)
      return sieve;
    else if (!sieve[n])
      return computeSieve(markMultiples(sieve, n, 2), n+1);
    else return computeSieve(sieve, n+1);
  }

  private static boolean[] markMultiples(boolean[] sieve,
                                         int prime,
                                         int m) {
    int multiple = prime * m;
    if (multiple>=sieve.length)
      return sieve;
    else {
      var markedSieve = Arrays.copyOf(sieve, sieve.length);
      markedSieve[multiple] = true;
      return markMultiples(markedSieve, prime, m+1);
    }
  }
  public static List<Integer> getPrimes(boolean[] sieve,
                                        List<Integer> primes,
                                        int n) {
```

```
      if (n>=sieve.length)
        return primes;
      else if (!sieve[n]) {
        var newPrimes = new ArrayList<>(primes);
        newPrimes.add(n);
        return getPrimes(sieve, newPrimes, n+1);
      } else {
        return getPrimes(sieve, primes, n+1);
      }
    }
  }
```

代码写得没那么漂亮，对吗？但是，它确实是函数式的。你可能会反驳说 makeSieve 中有赋值操作。我同意这有点瞒天过海的意思，但它看起来足够接近初始化。这已经令我很满意了。

上面的代码消除了所有重要的赋值操作[1]。所有命名实体都是常量。栈（如果不被 TCO 删除）保存了每个递归函数的每次调用的历史。

但这样做的代价是什么？每次修改两个数组中的任何一个时，都会创建一个新数组，以防止之前的数组被更改。这个算法会消耗大量内存。如果要找到 100 000 以内的所有质数，想象一下要创建多少个 sieve 数组？要创建多少个 primes 数组？

执行时间又会怎样？一遍又一遍地复制所有这些数组肯定会消耗大量的 CPU 周期[2]。

这难道是函数式编程的代价吗？必须要承受如此巨大的内存和时间浪费吗？

2.3 结构共享

幸运的是，并非如此。事实证明，有些数据结构在行为上既非常像数组，又能高效地维护其历史状态。这种数据结构就是 n 叉树。n 越大，越高效。但为了简单起见，以下示例仅讨论 n 为 2 的情况，即二叉树。

假设我们希望用二叉树表示一个从 1 到 8 的简单整数数组。实现这一目的的二叉树如图 2-1 所示。

如果只观察叶子节点并忽略分支，就会发现叶子节点形成了一个数组。分支只是提供了以某种有序方式遍历到每个叶子节点的方法。这个顺序就是数组的索引！

要获取数组索引为 0 的元素，只需获取每个节点的最左侧分支即可。要获取索引为 1 的元素，则每个节点都只获取左侧分支，但在最后一个节点获取右侧分支。

---

[1] 这里"重要的赋值操作"指非初始化的赋值操作。——译者注
[2] CPU 周期是指在程序执行期间所使用的处理器周期。处理器周期是 CPU 处理数据和指令时所使用的运算时间的基本单位。CPU 执行的每个操作（例如执行指令或访问内存）都需要一定数量的周期才能完成。——译者注

毋庸赘言，相信大家都了解二叉树。

现在，假设想在这个数组的末尾追加一个元素 42[注]，同时保留之前的数组。实现这一目的的二叉树如图 2-2 所示。

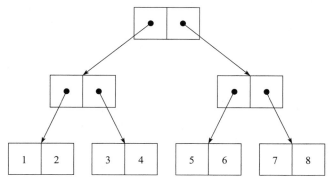

图 2-1　表示整数数组 [1, …, 8] 的二叉树

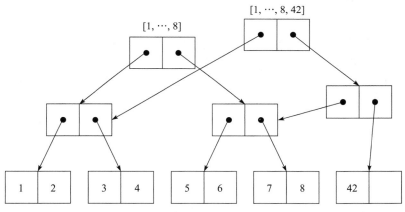

图 2-2　表示 [1, …, 8, 42] 但也保留原始数组 [1, …, 8] 的二叉树

现在，这棵树有了两个根节点。左上方的根节点仍代表从 1 到 8 的数组。右上方的根节点代表在 8 之后追加了 42 的新数组。

现在停下来仔细思考一下。显然，以上面的方式将线性数组表示为树，将允许我们在保留所有以前的布局的情况下表示数组元素的添加、插入和删除，而无须大量复制数组。

此时，确实还需要进行一些复制操作。根据正在执行的操作，可能需要复制一个叶子节点或者一些分支节点。但是与简单地保留数组所有过去版本的副本相比，所需内存和

㊀　根据英国作家道格拉斯·亚当斯于 1979 年出版的科幻小说《银河系漫游指南》中的说法，为了确定有关生命、宇宙及万物的终极答案，超级计算机"深思"投入运算，最后得到的结果是 42。——译者注

CPU 周期要少得多。

最终，数组每个之前的版本都以这种方式保留了下来，即由一个新的根节点连接到少量的其他分支节点，从而允许数组的大部分元素在数组的所有版本之间共享。

现在考虑一下，如果使用 32 叉树而不是二叉树会发生什么。对于有 100 万个元素的数组，当用 32 叉树表示时，树的深度只有 4～5 层。如果此时要制作这个有 100 万元素的数组的副本，那么只需复制 5 个节点（每个节点有 32 个元素）。这比复制 100 万个元素要快得多，消耗的内存也少得多。当然，尽管成本不为零，但对于大多数应用来说，这点儿成本微不足道。

这样就有了一种方法来表示可索引的线性数组，且随着时间的推移，该数组可以在创建新版本的同时保留过去所有的版本。我们将这种特性称为持久性[○]。具有持久性的数据结构能够在记住其所有过去版本的同时，还能更改数据。

那么，对于更高级的数据结构（比如哈希映射、集合、栈和队列）该怎么办？如何使它们像线性索引数组一样具备持久性？其实，所有这些数据结构都可以使用索引数组来实现。事实上，由于计算机的内存只不过是一个大的线性索引数组，因此能在计算机中表示的每种数据结构也可以用持久性数组表示。

因此，本章开头所讨论的问题（即制作副本的问题）就可以放在一边儿了。函数式编程在内存和 CPU 周期上的那点成本并不妨碍我们进一步研究和追求函数式编程的好处。

本着解决这个问题的思路，后文所有的示例代码都将用 Clojure 语言编写。Clojure 是一种在骨子里支持编写持久性数据结构的语言。

[○] 不要与用于描述离线存储中的数据的持久化相混淆。（"持久性"的英文为 persistence，与大家熟知的数据持久化的英文相同。作者在此特意指出两者内涵有差异。为了避免混淆，本书将其译为"持久性"。——译者注）

第 3 章 迭代和递归

第 1 章提到函数式编程可以使用递归来消除赋值语句。本章将讨论两种不同的递归形式：一种称为迭代，另一种就叫递归。

3.1 迭代

TCO 是针对无限递归循环所隐含的无限栈深度的补救方法。但是，仅当递归调用是函数中最后要执行的动作时，TCO 才适用。这样的函数通常称为尾调用函数。

下面是一个创建斐波那契数列的传统函数实现：

```
(defn fibs-work [n i fs]
  (if (= i n)
    fs
    (fibs-work n (inc i) (conj fs (apply + (take-last 2 fs))))))

(defn fibs [n]
  (cond
    (< n 1) []
    (= n 1) [1]
    :else (fibs-work n 2 [1 1])))
```

这个程序是用 Clojure 编写的。Clojure 是 Lisp 语言的一个变种。我们可以像下面这样调用这个函数：

```
(fibs 15)
```

这将返回前 15 个斐波那契数的数组：

```
[1 1 2 3 5 8 13 21 34 55 89 144 233 377 610]
```

许多程序员在第一次看 Lisp 代码时，都会感到眼睛酸涩，头痛难受。这主要是因为代码中的括号似乎没有任何意义。下面给出了一个关于这些括号的非常简短的使用教程。

3.1.1 极简 Clojure 教程

1. C、C++、C# 和 Java 中典型的函数调用写法：`f(x);`。
2. Lisp 语言中相同函数调用的写法：`(f x)`。
3. 现在你会 Lisp 了。教程到此结束。

这并不夸张。Lisp 的语法确实就这么简单。

Clojure 的语法稍微复杂一些。我们来一句一句地拆解下上面的程序。

首先是 `defn`。它看起来是一个函数调用。先暂且这样认为吧。其实，事实与这种看法基本一致。`defn` "函数"用它的参数定义了新函数[⊖]。这样定义的函数名为 `fibs-work` 和

[⊖] defn 是用于定义新函数的宏，本质上是 def 和 fn 的组合。具体来说，它借助 def 在当前命名空间中创建或查找一个全局变量，随后将此变量关联到由 fn 生成的匿名函数上。如此一来，defn 便完成了命名函数的构建，巧妙地将定义与赋值过程合二为一，形成高效简洁的编程结构。——译者注

fibs。函数名后的方括号里是函数的参数名称列表①。因此，fibs 函数只有一个名为 n 的参数，而 fibs-work 函数有三个参数，分别名为 n、i 和 fs。

参数列表之后是函数的主体。fibs 函数的主体是对 cond 函数的调用。可以将 cond 视为有返回值的 switch 语句。fibs 函数会返回 cond 函数返回的值。

cond 的参数是一组对子。每个对子中的第一个元素是一个谓词，第二个元素是当该谓词为 true 时 cond 将返回的值。cond 函数沿着对子列表向下查找，直到找到一个为 true 的谓词，然后返回与该谓词对应的值。

谓词就是函数调用。(< n 1) 谓词使用参数 n 和 1 调用 < 函数。如果 n 小于 1，则返回 true。(= n 1) 谓词调用 = 函数，如果它的参数相等，则返回 true。:else 谓词可视作 true。

如果 (< n 1) 谓词为 true，则 cond 的返回值是 []，这是一个空向量。如果 (= n 1) 为 true，则 cond 返回一个包含 1 的向量。否则，cond 返回 fibs-work 函数所生成的值。

如此一来，如果 n 小于 1，则 fibs 函数返回 []；如果 n 等于 1，则返回 [1]。在其他所有情况下，它返回 (fibs-work n 2 [1 1])。

明白了吗？要确保自己明白，可以反复读几遍，直到明白为止。

fibs 函数末尾的))) 只是 defn、cond 和 fibs-work 函数调用的闭括号。我也可以像下面这样写 fibs 函数：

```
(defn fibs [n]
  (cond
    (< n 1) []
    (= n 1) [1]
    :else (fibs-work n 2 [1 1])
  )
)
```

这也许会让你感觉好一些，可以为你缓解即将出现的眼睛疲劳和头痛难受的症状。的确，许多 Lisp 语言的新手都使用这种技术来减少他们对括号的焦虑。我十五年前开始学习 Clojure 语言时就是这么做的。

但几年之后，就感觉把尾随的括号放在各自的行上明显没有意义，而且反而更加烦人。相信我，你会明白的。

回到正题，看看问题的核心，即 fibs-work 函数。如果你已经熟悉了 fibs 函数，那么就可能已经搞懂了 fibs-work 函数的大部分细节。但为了确定起见，我们还是一步一步地来看。

首先看参数 [n i fs]。n 表示要返回多少个斐波那契数。i 表示要计算的下一个斐波那契数的索引。fs 是当前已经计算完的斐波那契数列表。

---

① 实际上，方括号是 Clojure 用于表示"向量"（即数组）的语法。此时，该向量包含了表示参数的符号。

`if` 函数很像 `cond` 函数，我们可将 (`if p a b`) 视为 (`cond p a :else b`)。`if` 函数有三个参数。它将第一个参数用作谓词进行求值。如果谓词为 `true`，就返回第二个参数，否则，就返回第三个参数。

这样一来，如果 (`= i n`) 为 `true`，就返回 `fs`，否则，就返回下面的值。我们需要仔细看一下。

```
(fibs-work n (inc i) (conj fs (apply + (take-last 2 fs))))
```

这是对 `fibs-work` 函数的递归调用。传入的三个参数包括未更改的 `n`、增了 `1` 的 `i`，以及追加了一个新的斐波那契数的 `fs` 列表。

正是 `conj` 函数执行了追加操作。它有两个参数，一个是向量，另一个是要追加到该向量的值。向量是列表的一种，我们稍后会讨论。

`take-last` 函数有两个参数：一个数字 `n` 和一个列表。它返回一个列表，其中包含该列表参数的后 `n` 个元素。

`apply` 函数有两个参数：一个函数和一个列表。它用列表作为参数来调用函数。因此，(`apply + [3 4]`) 相当于 (`+ 3 4`)。

至此，你应该能很好地掌握 Clojure 了。随着学习的深入，后面还会遇到该语言的更多内容。现在，我们回到迭代和递归的主题。

3.1.2 迭代概述

请注意，对 `fibs-work` 的递归调用是尾调用。`fibs-work` 函数做的最后一件事就是调用自己。因此，Clojure 语言可以使用 TCO 来复用之前的栈帧空间并将递归调用转换为 `goto` 语句，从而有效地将递归转换为纯迭代。

因此，使用尾调用的函数实际上都是迭代函数。

3.1.3 TCO、Clojure 和 JVM

Java 虚拟机（JVM）[○]并不能让 Clojure 语言轻松地使用 TCO。实际上，刚刚展示的代码并没有使用 TCO，所以整个迭代过程都在消耗栈空间。因此，在 Clojure 中，我们通过使用 `recur` 函数来显式地调用 TCO，如下所示：

```
(defn fibs-work [n i fs]
  (if (= i n)
    fs
    (recur n (inc i) (conj fs (apply + (take-last 2 fs))))))
```

○ Clojure 与 Java 虚拟机有着密切的关系。它被设计为 JVM 上的托管语言，即它是为在 JVM 上运行而构建的。因为这样能利用 JVM 的功能和生态系统，同时还能与 Java 互操作。这种方法使 Clojure 既能够提供 Lisp 的表达能力和功能特性，同时又能利用 JVM 的性能、可移植性和成熟度。——译者注

recur 函数只能在 fibs-work 函数的尾部位置调用。它能有效地重新调用包含它的 fibs-work 函数，而不消耗更多栈空间。

3.2 递归

下面这种使用真正的递归来编写斐波那契数列的算法会更自然、更优雅：

```
(defn fib [n]
  (cond
    (< n 1) nil
    (<= n 2) 1
    :else (+ (fib (dec n)) (fib (- n 2)))))

(defn fibs [n]
  (map fib (range 1 (inc n))))
```

现在 fib 函数实现的功能就很明显了。毕竟，fib(n) 就是 fib(n-1) + fib(n-2)。但请注意，调用 fib 的位置并不在函数的尾部。:else 子句执行的最后一个操作是 + 函数。这意味着此处不能使用 recur 函数，也无法使用 TCO。这也意味着随着算法的运行，栈空间将会不断被消耗。

range 函数有两个参数 a 和 b，并返回从 a 到 b–1 的所有整数的列表。map 函数有两个参数 f 和 l，f 参数必须是一个函数，l 参数必须是一个列表。map 函数用 l 列表中的每个成员作为参数调用函数 f，并返回包含结果的列表。

这个版本的 fib 函数效率极低。考虑以下的执行效率概况：

```
fib 20 = 6765
"Elapsed time: 1.459277 msecs"
fib 25 = 75025
"Elapsed time: 11.735279 msecs"
fib 30 = 832040
"Elapsed time: 106.490355 msecs"
fib 34 = 5702887
"Elapsed time: 735.689834 msecs"
```

不必费心去分析这个算法。快速曲线拟合表明，这个算法的复杂度是 $O(n^3)$[⊖]。因此，尽

⊖ 算法分析中术语"快速曲线拟合"是指基于观察算法行为而不是通过详细的理论分析，来粗略估计或猜测算法的时间复杂度。这种方法通常使用不同的输入值来运行算法并测量所花费的时间，然后将这些测量结果拟合到复杂度曲线，如 $O(n)$、$O(n^2)$、$O(n^3)$ 等。算法的复杂度为 $O(n^3)$ 表明人们观察到算法的运行时间大致与输入值的立方成正比。上面的斐波那契数列的递归实现代码虽然时间复杂度确实很高，但不是 $O(n^3)$，而是 $O(n^2)$，因为每次调用 fib(n) 都会导致另外两次调用：fib(n-1) 和 fib(n-2)。这种调用模式一直持续到 n<1 或 $n ⩽ 2$，所以函数调用总数随着 n 呈指数增长。例如，fib(5) 将导致 15 次调用，fib(6) 将导致 25 次调用，依此类推。——译者注

管外表看起来很优雅,但它的实现却是"败絮其中"。

可以通过以下迭代来大大提高性能:

```
(defn ifib
  ([n a b]
  (if (= 0 n)
    b
    (recur (dec n) b (+ a b))))

  ([n]
  (cond
    (< n 1) nil
    (<= n 2) 1
    :else (ifib (- n 2) 1 1)))
)
```

`ifib` 函数有两处重载: [n a b] 和 [n]。因为它是迭代的,所以不会大量消耗栈空间,并且运行起来比之前的递归版本快得多。事实上,大部分运行时间应该都花在了打印上,而不是真正的计算上。

```
ifib 20 = 6765
"Elapsed time: 0.185508 msecs"
ifib 25 = 75025
"Elapsed time: 0.177111 msecs"
ifib 30 = 832040
"Elapsed time: 0.14596 msecs"
ifib 34 = 5702887
"Elapsed time: 0.148221 msecs"
```

当然,这时代码已经失去了递归算法的很多表达能力。还记得引用透明性吧?现在,我们重申一下这个概念,在函数式语言中,给定相同的输入,函数总是会返回相同的值。因此,重新计算函数的值是没有必要的。一旦计算出 (fib 20) 的值,就可以记住这个值,而不用重新再算一遍。

可以使用 `memoize` 函数来实现这一点,如下所示:

```
(declare fib)

(defn fib-w [n]
  (cond
    (< n 1) nil
    (<= n 2) 1
    :else (+ (fib (dec n)) (fib (- n 2)))))

(def fib (memoize fib-w))
```

declare 函数声明了一个未绑定①的符号 fib。只要在使用 fib 之前将其绑定，其他函数就可以使用这个符号。此处使用 declare 是因为 fib 的定义位于 fib-w 之后，而 Clojure 要求在使用 fib 之前对其进行声明或定义。

memoize 函数接受一个参数 f（f 必须是一个函数），并返回一个新函数 g。当且仅当之前从未以参数 x 调用过 g 时，使用参数 x 调用 g 才会使得以参数 x 调用 f 发生。然后，新函数 g 会记住这些参数和返回值。随后以 x 为参数对 g 的任何调用都会返回所记住的值。

这个版本的算法与之前的迭代版本一样运行得很快，因为已经绕过了大部分递归，而没有牺牲算法的优雅性。虽然为此付出了一点额外的内存，但代价似乎很小。

```
fib 20 = 6765
"Elapsed time: 0.168678 msecs"
fib 25 = 75025
"Elapsed time: 0.16232 msecs"
fib 30 = 832040
"Elapsed time: 0.151619 msecs"
fib 34 = 5702887
"Elapsed time: 0.15134 msecs"
```

在这里我们学到的是，迭代和递归是非常不同的方法。迭代函数必须使用尾调用来进行迭代，并应使用 TCO 来防止栈空间的大量消耗。递归函数无法使用尾调用，因此会增大栈空间消耗。而真正的递归函数既可以非常优雅，又可以使用内存化（memoization）技术来防止这种优雅对性能产生显著损害。

尽管本章使用 Clojure 作为编程语言，但这些概念在所有其他的函数式语言中都是相同的，甚至可以在非函数式语言中实现（尽管这样代码优雅性会大打折扣）。

---

① 符号 fib 在下面的代码行 (def fib (memoize fib-w)) 完成了绑定，其中 def 用于在当前命名空间中定义一个符号并将其绑定到一个值上。这是声明变量并为其赋值的一种方法。此处，def 定义了符号 fib 并将其绑定到 fib-w 函数的内存化（memoize）版本上。def 在下文有讲解。——译者注

第 4 章
惰　性

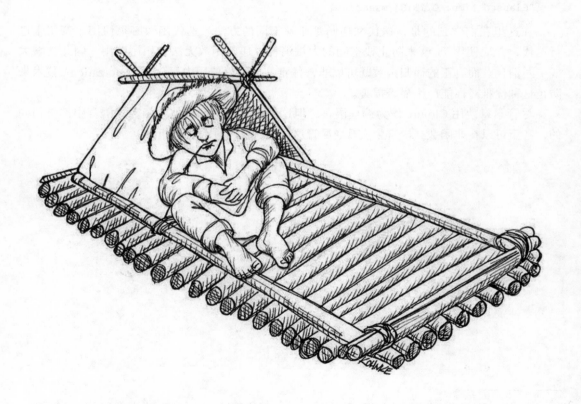

考虑以下计算斐波那契数列的代码。修改后的代码用粗体字表示：

```
(declare fib)

(defn fib-w [n]
  (cond
    (< n 1) nil
    (<= n 2) 1
    :else (+ (fib (dec n)) (fib (- n 2)))))

(def fib (memoize fib-w))


(defn lazy-fibs []
  (map fib (rest (range)))
  )
```

`lazy-fibs` 函数看起来可能有点奇怪，现在仔细看看。`map` 函数我们已经见过。`rest` 函数接受一个列表参数，并去掉该列表的第一个元素后返回。接下来，我们看看 `range` 函数。

`range` 函数返回从零开始的整数列表。但这个列表有多少个整数？答案是需要多少个就有多少个。`range` 函数是惰性的。或者说，`range` 函数会返回一个惰性列表。

什么是惰性列表？惰性列表是一个知道如何计算其下一个值的对象。在 Java、C++ 和 C# 中，我们称此类对象为迭代器（iterator）。惰性列表是伪装成列表的迭代器。

Clojure 语言拥抱惰性列表。如果有可能，大多数库函数都会返回惰性列表。在上面的程序中，`rest` 和 `map` 都返回惰性列表。这意味着 `lazy-fibs` 也返回惰性列表。

该如何使用 `lazy-fibs`？可以像这样用：

```
(take 10 (lazy-fibs))
returns: (1 1 2 3 5 8 13 21 34 55)
```

`take` 函数有两个参数：一个数字 *n* 和一个列表。它返回一个包含该参数列表的前 *n* 个元素的列表。实际上，这并不完全正确，我们稍后解释。

再看一下 `lazy-fibs`，其中的 `range` 函数返回一个从零开始的惰性整数列表。`rest` 函数获取该列表，去掉第一个元素，然后返回剩下整数的惰性列表，即从 1 开始的整数列表。`map` 函数将该列表中的每个整数作为参数去调用 `fib` 函数，最后返回从 (`fib 1`) 开始的斐波那契数列的惰性列表。

只要没有溢出或其他机器限制，就可以获得想要的任意数量的斐波那契数。例如：

```
(nth (lazy-fibs) 50)
returns: 20365011074
```

`nth` 函数接受一个列表和一个整数 *n* 作为参数，并返回列表的第 *n* 个元素。因此，上面这行代码返回第 50 个斐波那契数。

现在考虑一下：

```
(def list-of-fibs (lazy-fibs))
```

def 函数（实际上它并不是一个函数，暂且假装它是）创建一个新的符号，并将其与一个值关联起来。因此，符号 `list-of-fibs` 指的是斐波那契数列的惰性列表，如下所示：

```
(take 5 list-of-fibs)
returns: (1 1 2 3 5)
```

现在请注意，当执行创建 `list-of-fibs` 的 def 时，并没有计算斐波那契数，也没有为斐波那契数分配内存。只有当访问列表的元素时，才进行计算和分配内存。请记住，在幕后，惰性列表实际上只是一个知道如何计算下一个元素的迭代器。一旦进行了计算，就会分配内存并将值放入一个真正的列表中[○]。

人们很容易认为惰性列表是无限的。当然不会是这样的。它们只是没有边界而已。虽然可以访问任意数量的列表元素，但这个量始终是有限的。

4.1 惰性累积

要搞清楚的是，当继续通过像 `map`、`rest` 和 `take`（`take` 实际上也返回一个惰性列表）这样的函数传递惰性列表时，就会在幕后累积一长串的迭代器。每个迭代器都必须保存用于计算其下一个值的函数。它还必须保存进行该计算所需的所有数据。

我曾写过一些应用程序，其中的列表有成千上万的元素，其中每个元素又都保存着另一些有成千上万的元素的列表。所有这些列表都是惰性的。请记住，此时正在延迟计算。只有在访问最终结果时，计算才会发生。因此，待处理的延迟迭代器此时大量累积。它们通过上述所有列表链接起来。

这可以正常工作，直到用于保存所有这些延迟迭代器的内存耗尽。因此，时不时地将惰性列表转换为真实列表可能是个好主意。在 Clojure 中，我们可以使用 `doall` 函数来实现这一点：

```
(def real-list-of-fibs (doall (take 50 (lazy-fibs))))
```

`doall` 函数使 `real-list-of-fibs` 成为一个真实列表。它占用内存且不包含任何延迟迭代器。所有的计算都已完成。

4.2 为何需要惰性

为何需要惰性？这是个好问题！惰性并不是免费的。它需要消耗内存和 CPU 周期来延迟计算。另外，还存在可能导致内存耗尽的累积问题。

○ 目前这只是一种方便的思考方式。实际上，正如稍后我们将看到的，只有程序需要保存这些值时，才会为其分配内存并将其保存到列表中。

尽管有这些成本，惰性仍然是函数式语言中的一个常见（尽管还不算普遍）的特性。有些语言（如 Haskell）在本质上是惰性的。Clojure 虽然在本质上不是惰性的，但它的很多库函数都是惰性的，所以很难避开惰性。F# 和 Scala 也允许惰性存在，但必须明确指定。

为什么会这样？为什么所有这些语言都接受惰性的成本？因为惰性将"需要做的事"与"需要做的量"分离开来。这样就可以编写一个创建惰性序列的程序，而无须知道用户需要多大的序列。用户可以决定他们需要多大的序列。

例如：

`(nth (lazy-fibs) 500)`

返回 22559151616193633087251269503607207204601132491375819058863➥
8866418474627738686883405015987052796968498626N

因为 lazy-fibs 不限制要创建的斐波那契数列的大小，所以你可以要求任意的大小。请考虑下面这个示例，创建一个包含 51 个整数的列表：

`(range 51)`

或者这样写：

`(take 51 (range))`

请注意，前者中 51 与 range 函数的调用耦合度要比后者更紧密。在前者中，必须以某种方式将 51 放入 range 函数中。此时，虽然可以将 51 作为参数传进去，但这还是一个非常强的耦合。在后者中，由于使用了惰性，range 函数完全不在乎 51。那个 51 可以位于代码的其他部分，远离对 range 的调用。

顺便说一句，可能有人会认为在上面的 lazy-fibs 示例中，(fib 1) 到 (fib 499) 很可能已经被垃圾回收了。因为代码没有保存列表本身，所以运行时系统可以自由地丢弃先前计算的元素。因此，创建并遍历一个包含数万亿个元素的惰性列表不仅是可能的，而且每次在内存中只保存不超过一个⊖元素。

4.3 尾声

关于惰性还有很多东西要学。在这里讨论它的目的是让大家意识到它的存在，因为它在函数式语言中非常常见。在接下来的章节中，我们将看到更多关于它的内容，但它几乎总是处于幕后。

⊖ 或者至少是某个 n。这个 n 很小，仅仅是惰性引擎的一个"块"的大小而已。

第 5 章

状 态 性

最终，所有编写好的程序都只是 $y = f(x)$ 的一种形式，其中 x 是给程序的所有输入，而 y 是程序作为响应所提供的所有输出。

这个定义足以满足所有批处理作业。例如，在工资系统中，输入 x 是所有的员工记录和考勤卡，而输出 y 是所有的工资单和报告。

但也许这个批处理的定义对于某些场景来说过于简单了。毕竟，在交互式应用程序中，提供给程序的输入通常会基于程序刚刚给出的输出。因此，也许应该将交互式软件系统视为：

```
void p(Input x) {
  while (x != DONE)
    x = (getInput(f(x))
}
```

换句话说，程序是一个循环。它计算 $y = f(x)$，然后将 y 传递给某个输入源，该输入源再被传回到 f，直到 f 最终返回 DONE。

从真实的角度考虑，程序在每次迭代过程中的状态是 x。如果正在调试某个故障，就会想知道 x 的值，并可能称 x 为系统的状态。

实际上，在上面的程序中存在一个名为 x 的变量，它保存了系统的状态，并在每次迭代时更新。

但是，我们可以通过以下"函数式"方法来编写程序，从而消除那个变量：

```
void p(Input x) {
  if (x!=DONE)
    p(getInput(f(x)));
}
```

现在这个程序没有需要更新以保存系统状态的变量了。相反，该状态作为参数从 p 的一次调用传递到下一次调用。

几年前，我用 Clojure 编写了一个跟上面这个非常像的函数式程序。它是老式计算机游戏 *Spacewar!* 的一个版本，你可以在 https://github.com/unclebob/spacewar 上查看（和试玩）。这款游戏是视觉交互式的，并且采用"函数式"风格编写。

spacewar 程序的内部状态非常复杂，其中包括企业号星际战舰、数十艘克林贡战舰和数百颗恒星，还有许多导弹、相位射线枪、动能射弹、基地、运输舰，以及许多其他实体和属性。我用一个 world 对象管理所有这些复杂性。而 spacewar 的流程实际上是：

```
(defn spacewar [world]
  (when (:done? world)
    (System/exit 0))
  (recur (update-world world (get-input world))))
```

换句话说，spacewar 程序是一个循环。如果 world 的 :done?[○]属性为 true，则程

[○] Clojure 中的关键字以冒号作为前缀，所以 :done? 是一个关键字，也就是一个可以用作标识符的常量。通常，它们被用作哈希映射的键。当用作函数时，关键字的行为类似于哈希映射的访问器。因此，(:done? world) 只返回 world 哈希映射的 :done? 元素。

序退出，否则，程序将 world 呈现给用户并获取输入，然后使用这些输入来更新 world。

以下是 spacewar 中实际的 update-world 函数：

```
(defn update-world [ms world]
  ;{:pre [(valid-world? world)]
  ;  :post [(valid-world? %)]}
  (->> world
       (game-won ms)
       (game-over ms)
       (ship/update-ship ms)
       (shots/update-shots ms)
       (explosions/update-explosions ms)
       (clouds/update-clouds ms)
       (klingons/update-klingons ms)
       (bases/update-bases ms)
       (romulans/update-romulans ms)
       (view-frame/update-messages ms)
       (add-messages)
       ))
```

threading 宏（->>）只是将参数 world 传递给函数 game-won，然后将 game-won 的输出传递给 game-over，接着又将 game-over 的输出传递给 ship/update-ship，以此类推。每个函数都返回 world 更新后的版本。

注意参数 ms。它表示自上次 world 更新以来的时间（以毫秒为单位），并且是整个游戏的主要输入。当一个物体在屏幕上移动时，其位置基于物体的速度向量以及自上次更新 world 以来所经过的时间来更新。

展示这些代码的目的是让大家了解这个程序所管理的复杂性。请记住，world 并不是一个可变的（mutable）变量。每个由 threading 宏串起来且接受 world 参数的函数都返回 world 的新版本，并将其传递给下一个函数。程序并没有将 world 保存在一个变量中，也没有修改它。

我们进一步了解下复杂性：

```
(s/def ::ship (s/keys :req-un
                      [::x ::y ::warp ::warp-charge
                       ::impulse ::heading ::velocity
                       ::selected-view ::selected-weapon
                       ::selected-engine ::target-bearing
                       ::engine-power-setting
                       ::weapon-number-setting
                       ::weapon-spread-setting
                       ::heading-setting
                       ::antimatter ::core-temp
                       ::dilithium ::shields
                       ::kinetics ::torpedos
```

```
                    ::life-support-damage ::hull-damage
                    ::sensor-damage ::impulse-damage
                    ::warp-damage ::weapons-damage
                    ::strat-scale
                    ::destroyed
                    ::corbomite-device-installed]))
```

上面的代码是玩家所驾驶的企业号星际战舰的类型规格的一小部分。Clojure 提供了一个名为 `clojure.spec` 的机制，以便能够非常具体地设计数据结构，且比大多数静态类型语言更具精确度和控制力。

`spacewar` 程序是这样管理这些复杂状态的：将 `world` 从一个函数传递到另一个函数，然后再递归地传递回 `spacewar`。其间 `world` 从未保存在一个变量中。

另外，这款游戏能在大屏幕上以每秒 30 帧的速度运行。

最重要的是，对于放弃不变性并偏离函数式风格，不存在任何复杂性要求我们这样做。但确实有一些其他因素会提出这样的要求。

5.1 何时必须"可变"

`spacewar` 程序使用称为 Quil[一]的图形用户界面（Graphical User Interface，GUI）框架。这个框架允许使用它的程序以"函数式"风格编写。尽管其内部并不真正采用函数式风格，但从外部看来，不需要有任何可见的可变状态。

另外，我目前正在用 Clojure 编写一个名为 `more-speech`[二]的应用程序。它使用 Java 的 Swing 框架，Swing 并不是函数式的。可变状态遍布框架的每一个角落，它本质上是一个可变对象框架。

这使得在 Clojure 中使用 Swing 并保持"函数式"风格变得具有挑战性。更糟的是，Swing 使用了模型 – 视图方法[三]，且模型由 Swing 定义和控制。因此，构建不可变的模型几乎

[一] 参见 www.quil.info。Quil 在幕后使用 Processing。Processing 是一个 Java 框架，肯定不是函数式的。Quil 通过隐藏可变变量或者至少不强迫程序员改变这些变量来让它看起来是函数式的。

[二] https://github.com/unclebob/more-speech

[三] Java Swing 框架的"模型 – 视图方法"本质上是模型 – 视图 – 控制器（Model-View-Controller，MVC）架构模式的变体。此模式广泛用于软件开发，旨在将应用程序的用户界面（UI）与其业务逻辑和数据分离开来。在 MVC 模式中，模型代表应用程序的数据和业务逻辑。它负责管理应用程序的动态数据结构，独立于用户界面。它直接管理应用程序的数据、逻辑和规则。视图组件负责将模型的数据呈现给用户。它是模型数据的视觉表示。在 Swing 中，视图与模型紧密耦合。视图监听模型中的变化并相应地更新自身。这种紧密耦合使得分离关注点变得困难，而这是函数式编程的一个关键方面。通常，在 MVC 中，控制器充当模型和视图之间的中介。它处理所有业务逻辑和传入请求，使用模型操作数据并与视图交互以呈现最终输出。Clojure 作为一种函数式语言提倡不变性和无状态设计。然而，Swing 模型在设计上是可变的，因为它旨在响应用户交互和其他事件而改变。这种可变性与函数式编程的原则相冲突，使得在与 Swing 交互时很难保持纯函数式风格。——译者注

是不可能的。

Swing 并不是唯一迫使你进入可变世界的框架。像这样的框架还有很多。因此，即使决定采用"函数式"风格，你也必须能够应对这样一个事实，即大量现有的软件框架会迫使你放弃函数式风格。

更糟的是，许多这样的框架还会迫使你进入多线程世界。例如，Swing 就在自己的特殊线程中运行。程序员虽然不应使用该线程进行常规处理，但在修改 Swing 数据结构时，必须特意进入该线程。

这会将这些框架的用户置身于双重危险中，即用户一方面要处理多线程，另一方面还要改变状态。这当然会导致可怕的结果，即竞态条件和并发更新异常。

幸运的是，有一些函数式语言提供了减少可变性问题的手段，并允许函数式风格与多线程和非函数式风格良好地进行交互。

5.2 软件事务内存

软件事务内存（Software Transactional Memory，STM）是一组机制，能将系统内部所使用的内存视为一个事务性的提交/回滚数据库。这些事务是一些函数，能在比较－交换（compare-and-swap）[⊖]协议的作用下防止发生并发更新。

如果这听起来有点空泛，我们可以通过一个示例来明确一下。

假设有一个对象 o 和一个改变 o 的函数 f，那么 $o_f = f(o)$，其中 o_f 是由 f 修改后的那个 o。

问题在于 f 需要时间来完成其工作。这期间其他线程可能会中断 f，并对 o 应用自己的运算 g：$o_g = g(o)$。当 f 最终完成时，o 的状态是什么？是 o_f 还是 o_g？还是两种修改都被应用了，得到了 o_{fg}？

典型的并发更新问题通常会导致我们只得到了 o_f，而丢失了 g 的运算。程序员通常通过锁定 o 以便 g 不能中断 f 来解决这类问题，反之亦然。锁会强制其他会导致中断的线程等待，直到 o 解锁。然而，这样做会导致可怕的死锁。

假设有两个对象 o 和 p，另外有两个函数 $f(o, p)$ 和 $g(p, o)$。这些函数在对参数对象进行操作之前会锁定它们。假设 f 和 g 在不同的线程中执行，且 g 在 f 锁定 o 之后立即中断 f。现在 g 锁定了 p，但不能锁定 o，因为 o 被 f 锁定了，所以 g 必须等待。当 f 醒来并尝试锁定 p 时，却发现 p 已被 g 锁定。此时，所有事情都卡住了。函数 f 和 g 陷入了死锁。

死锁问题可以这样避免：每次以相同的顺序锁定所有内容。如果 f 和 g 都同意首先锁定 o，然后锁定 p，那么死锁就不会发生。然而，这样的约定很难执行。随着系统变得越来越

⊖ 交换的概念下文有介绍。——译者注

复杂，正确的锁定顺序可能很难确定。

STM 解决死锁问题的方法是使用提交 / 回滚技术而不使用锁。这种技术称为"交换"。我们可以使用 swap(o, f) 函数来执行，该函数将 o 的当前值保存在 o_h 中，然后计算 $o_f = f(o)$，再在一个原子操作[一]中将 o 的当前值与 o_h 进行比较。如果相同[二]，则将 o 与 o_f 交换。如果比较失败，则从头开始重复该操作，直到比较成功。

在 Clojure 中使用 STM 的方法有多种，其中最简单的是 atom。atom 是一个原子值，可以使用 swap! 函数进行修改。以下是一个例子：

```
(def counter (atom 0))

(defn add-one [x]
  (let [y (inc x)]
    (print (str "(" x ")"))
    y))

(defn increment [n id]
  (dotimes [_ n]
    (print id)
    (swap! counter add-one)))

(defn -main []
  (let [ta (future (increment 10 "a"))
        tx (future (increment 10 "x"))
        _ @ta
        _ @tx]
    (println "\nCounter is: " @counter)))
```

代码第一行创建了名为 counter 的 atom。-main 程序使用 future 启动了两个线程。这两个线程都调用了 increment 函数。@ta 和 @tx 表达式分别等待各自的线程执行完成。

add-one 函数将其参数加一，但函数内那个 print 函数能允许另一个线程跳入。事实也正是如此。下面是输出的一个示例：

```
a(0)a(1)a(2)a(3)a(4)xa(5)x(5)(6)(6)x(7)(7)a(8)(8)
x(9)(9)a(10)(10)x(11)a(11)(12)(12)a(13)x(13)(14)(14)
x(15)(15)(16)x(17)x(18)x(19)
Counter is:  20
```

起初，线程 a 不间断地运行了一段时间。但在数值增加到 5 时，x 线程跳入，两者相互争斗。注意输出中那些重复的数值，这是 swap! 检测到冲突后重复操作的结果。最后，

[一] 原子操作不能被中断。
[二] 相同意味着其间没有其他线程跳入并修改 o，所以此时 o_f 就可以通过交换而生效。——译者注

线程 a 执行完成，线程 x 不再受到打扰。最终的计数 20 是正确的。

5.3 生活不易，软件更难

如果能完全沉浸在函数式的世界中就好了。函数式世界的多线程通常不会有竞态条件[⊖]。毕竟，如果从不修改变量，也就不可能有并发更新问题。但很多时候，框架或遗留代码会迫使我们回到多线程的非函数式世界。当这种情况发生时，STM 的机制可以帮助我们避免最糟糕的情况。

⊖ 有关函数式编程何时会存在竞态条件，请参阅第 15 章。

第二部分 Part 2

比较性分析

- 第 6 章　质因数练习
- 第 7 章　保龄球练习
- 第 8 章　八卦公交司机练习
- 第 9 章　面向对象编程
- 第 10 章　类型

接下来是对用传统的面向对象（Object-Oriented，OO）风格和"函数式"风格编写的一系列练习代码的对比性分析。前两个练习可能有人比较熟悉，因为其OO部分来自 *Clean Craftsmanship*[1] 一书中的代码示例。

每个示例两种风格的版本都是使用测试驱动开发（TDD）的方式创建的。测试代码以增量方式与生产代码一同展示。你会看到第一个测试如何通过，然后是第二个，接着是第三个，依次类推。

本书这一部分的重点是探索和查看OO实现和函数式实现之间的差异。

练习的复杂性会逐渐增加。质因数（Prime Factor）练习相对简单，保龄球（Bowling Game）练习稍微复杂一些，而八卦公交司机（Gossiping Bus Driver）练习则更复杂。最后的工资单（Payroll）练习虽然是所有示例中最复杂的，但我已在另一本书[2]的第三部分对其进行了详细探讨。为了节省篇幅，这个练习只包括函数式版本。

随着复杂性的增加，两种方法之间的差异变得更加明显，这应该很有教育意义。但你也应该做好遇到意外的心理准备，结果可能并不是你所认为的那样。

---

[1] Robert C. Martin, *Clean Craftsmanship* (Addison-Wesley, 2021).
[2] Robert C. Martin, *Agile Software Development: Principles, Patterns, and Practices* (Pearson, 2002).

第 6 章
质因数练习

函数式编程是否比使用可变变量编程更好？要回答这个问题，可以对一些比较熟悉的练习进行比较性分析。例如，下面有使用测试驱动开发（Test-Driven Development，TDD）[⊖]的质因数（Prime Factor）练习的传统 Java 版本，大致如 *Clean Craftsmanship* 第 2 章所介绍的那样。

6.1　Java 版

先从一个简单的测试开始：

```
public class PrimeFactorsTest {
  @Test
  public void factors() throws Exception {
    assertThat(factorsOf(1), is(empty()));
  }
}
```

我们可以用这种简单的方式让上述测试通过：

```
private List<Integer> factorsOf(int n) {
  return new ArrayList<>();
}
```

测试通过后，可以针对 2 来写下一个最简单的退化测试[⊖]：

```
assertThat(factorsOf(2), contains(2));
```

通过以下简单明了的代码使测试通过：

```
private List<Integer> factorsOf(int n) {
  ArrayList<Integer> factors = new ArrayList<>();
  if (n>1)
    factors.add(2);
  return factors;
}
```

接下来针对 3 写测试：

```
assertThat(factorsOf(3), contains(3));
```

[⊖] TDD 是一种软件开发方法，其中测试是在实际生产代码之前编写的。这种方法强调在实现生产代码之前通过创建和运行自动化测试来定义所需的功能或改进，通常遵循称为"变红 – 变绿 – 重构"的循环。变红：编写定义功能或代码改进的测试，该测试最初应该会运行失败而显示为红色，因为该功能尚未实现。变绿：编写通过测试而显示绿色所需的最少量代码。这时的重点是用最少的代码满足测试所要求的功能，而不是编写完善的代码。重构：清理代码，同时保持其功能。此步骤涉及改进代码的结构和可读性，而不改变其行为。——译者注

[⊖] 此处原文为 most degenerate test，意思是"最简单的能让生产代码退化的测试"，表示 TDD 的"变红 – 变绿 – 重构"循环中下一次变红的测试，目的是让上一次让测试变绿的生产代码暴露缺陷，从而在接下来的"变绿 – 重构"中小步优化生产代码。——译者注

巧妙地将 2 替换为 n 来使测试通过：

```
private List<Integer> factorsOf(int n) {
  ArrayList<Integer> factors = new ArrayList<>();
  if (n>1)
    factors.add(n);
  return factors;
}
```

接下来针对 4 写测试。这时列表中第一次有了多于一个的因数：

```
assertThat(factorsOf(4), contains(2, 2));
```

用看起来非常糟糕的烂代码来让测试通过：

```
private List<Integer> factorsOf(int n) {
  ArrayList<Integer> factors = new ArrayList<>();
  if (n>1) {
    if (n % 2 == 0) {
      factors.add(2);
      n /= 2;
    }
  }
  if (n>1)
    factors.add(n);
  return factors;
}
```

接下来的三个测试无须修改任何生产代码就可以通过：

```
assertThat(factorsOf(5), contains(5));
assertThat(factorsOf(6), contains(2,3));
assertThat(factorsOf(7), contains(7));
```

在针对 8 写的测试中，我们首次在因数列表中看到了超过两个的元素：

```
assertThat(factorsOf(8), contains(2, 2, 2));
```

此时优雅地将其中一个 if 语句转换为 while 来让这个测试通过：

```
private List<Integer> factorsOf(int n) {
  ArrayList<Integer> factors = new ArrayList<>();
  if (n>1) {
    while (n % 2 == 0) {
      factors.add(2);
      n /= 2;
    }
  }
  if (n>1)
    factors.add(n);
  return factors;
}
```

接下来针对 9 写的测试也必然失败，因为生产代码没有处理因数是 3 的情况：

```
assertThat(factorsOf(9), contains(3, 3));
```

为了解决这个问题，需要处理因数 3。可以这样做：

```
private List<Integer> factorsOf(int n) {
  ArrayList<Integer> factors = new ArrayList<>();
  if (n>1) {
    while (n % 2 == 0) {
      factors.add(2);
      n /= 2;
    }
    while (n % 3 == 0) {
      factors.add(3);
      n /= 3;
    }
  }
  if (n>1)
    factors.add(n);
  return factors;
}
```

但这样写很可怕，因为这意味着无尽的重复。可以通过将另一个 if 改为 while 来解决这个问题：

```
private List<Integer> factorsOf(int n) {
  ArrayList<Integer> factors = new ArrayList<>();
  int divisor = 2;
  while (n>1) {
    while (n % divisor == 0) {
      factors.add(divisor);
      n /= divisor;
    }
    divisor++;
  }
  if (n>1)
    factors.add(n);
  return factors;
}
```

只需进行一点点重构，就可以得到：

```
private List<Integer> factorsOf(int n) {
  ArrayList<Integer> factors = new ArrayList<>();

  for (int divisor = 2; n > 1; divisor++)
    for (; n % divisor == 0; n /= divisor)
      factors.add(divisor);
```

```
    return factors;
}
```

这个算法足以计算任何整数[1]的质因数。

6.2 Clojure 版

如果用 Clojure 来写，会是什么样呢？

和之前一样，先从一个简单的退化测试[2]开始：

```
(should= [] (prime-factors-of 1))
```

正如所预期的那样，生产代码可以返回一个空列表来让测试通过：

```
(defn prime-factors-of [n] [])
```

接下来的测试与 Java 版的非常接近：

```
(should= [2] (prime-factors-of 2))
```

使其通过的生产代码也与 Java 版很接近：

```
(defn prime-factors-of [n]
  (if (> n 1) [2] []))
```

让第三个测试通过的生产代码使用了同样巧妙的方法——将 2 替换为 n：

```
(should= [3] (prime-factors-of 3))

(defn prime-factors-of [n]
  (if (> n 1) [n] []))
```

但在针对 4 写的测试中，Clojure 和 Java 的生产代码开始有所不同：

```
(should= [2 2] (prime-factors-of 4))

(defn prime-factors-of [n]
  (if (> n 1)
    (if (zero? (rem n 2))
      (cons 2 (prime-factors-of (quot n 2)))
      [n])
    []))
```

生产代码是递归的。`cons` 函数将 2 添加到 `prime-factors-of` 返回的列表的开头。请确保自己明白其中的原因！ `rem` 和 `quot` 函数分别是求整数的余数和商的操作。

如果是 Java 版，写到这里迭代还没有出现。那两个 `if(n>1)` 代码块虽然诱人地暗示

---

[1] 当时间和空间足够时。
[2] 使用 speclj 测试框架。

了即将到来的迭代，但生产代码仍然是直接的线性逻辑。

然而，函数式版本中出现了成熟的递归，甚至没有尾调用。

接下来的 4 个测试都直接通过了，甚至包括针对 8 的测试：

```
(should= [5] (prime-factors-of 5))
(should= [2 3] (prime-factors-of 6))
(should= [7] (prime-factors-of 7))
(should= [2 2 2] (prime-factors-of 8))
```

从某种程度来说，此时感觉有点遗憾，因为之前针对 8 写的测试促使 Java 生产代码将 `if` 转换为 `while`，而 Clojure 的生产代码就没有这样优雅的转换。尽管如此，不得不说递归是目前为止更好的解决方案。

接下来是针对 9 的测试。此时，Java 版和 Clojure 版都面临相似的重复代码的困境：

```
(should= [3 3] (prime-factors-of 9))

(defn prime-factors-of [n]
  (if (> n 1)
    (if (zero? (rem n 2))
      (cons 2 (prime-factors-of (quot n 2)))
      (if (zero? (rem n 3))
        (cons 3 (prime-factors-of (quot n 3)))
        [n]))
    []))
```

这个解决方案不可持续，因为这会迫使我们添加 5、7、11、13 等的情况，一直到编程语言能够容纳的最大质数。

但这个解决方案确实暗示了一个有趣的迭代 / 递归解决方案：

```
(defn prime-factors-of [n]
  (loop [n n
         divisor 2
         factors []]
    (if (> n 1)
      (if (zero? (rem n divisor))
        (recur (quot n divisor) divisor (conj factors divisor))
        (recur n (inc divisor) factors))
      factors)))
```

`loop` 函数就地创建了一个新的匿名函数。当嵌套在 `loop` 表达式中时，`recur` 函数使得匿名函数以 TCO 的方式重新执行。匿名函数的参数是 `n`、`divisor` 和 `factors`。每个参数后面都跟着相应的初始化代码。程序将 `loop` 内的 `n` 初始化为 `loop` 外的 n⊖的值（两个 n 标识符是不同的），将 `divisor` 初始化为 2，将 `factors` 初始化为 []。

⊖ 即函数 `prime-factors-of` 的参数 n。——译者注

这个解决方案中的递归是迭代式的，因为递归调用位于函数尾部。注意，`cons` 已变为 `conj`，因为列表的构造顺序已经改变[⊖]。`conj` 函数将元素追加[⊖]到 `factors` 的尾部。请确保自己明白为什么顺序发生了变化！

6.3 总结

这个示例有几点值得注意。首先，Java 版和 Clojure 版的几个测试序列是相同的。这很重要，因为这意味着转变为函数式编程后，表达测试的方式几乎不变。与编程风格相比，测试似乎更为基础、抽象和根本。

其次，在需要任何迭代之前，两者的解决策略就已出现偏离。在 Java 版中，针对 4 的测试并不需要迭代。但在 Clojure 版中，针对 4 的测试驱动生产代码使用了递归。这意味着在 Clojure 的语义上递归比使用 `while` 语句进行标准循环更为根本。

最后，Java 版中从测试到生产代码的推导过程相对简单。从一个测试到下一个测试，几乎没有什么意外。但 Clojure 版的推导过程在对 9 进行测试时出现了 180° 大转弯，这是因为选择了非尾递归而不是迭代的 `loop` 结构来让针对 4 的测试运行通过。这意味着当可以选择时，应该优先考虑尾递归结构而不是非尾递归。

Clojure 解决方案的最终结果是一个与 Java 解决方案类似的算法，但至少有一个令人惊讶的不同：它不是双层嵌套循环。Java 解决方案的外层循环用于递增除数，内层循环则重复添加当前的除数作为因数。Clojure 解决方案用两个独立的递归替换了这个双层嵌套循环。

哪个解决方案更好？Java 解决方案的运行速度要快得多，因为 Java 运行起来比 Clojure 要快得多。但除此之外，就看不出两者还有什么特别的优劣了。对于那些熟悉这两种语言的人来说，阅读或理解其中任何一种都不会比另一种更容易。两者的风险性相近，结构性也相似。从我的角度来看，两者打了个平手。除了 Java 本身的速度优势外，两者旗鼓相当。

这是两种编程风格的对比结果模棱两可的最后一个例子，在后面的例子中两者的差异将变得越来越明显。

[⊖] 此处的 `conj` 将元素 `divisor` 添加到向量 `factors` 的尾部，而上一个解决方案中的 `cons` 将元素 2 或 3 添加到集合的头部。——译者注
[⊖] 因为在本例中 `factors` 是一个向量。

第 7 章 保龄球练习

现在来看另一个传统的 TDD 练习：保龄球练习。下面的练习是 *Clean Craftsmanship* 一书中的精简版本。

7.1　Java 版

像往常一样，先从一个什么也不测的测试开始，以便证明可以编译和执行：

```
public class BowlingTest {
  @Test
  public void nothing() throws Exception {
  }
}
```

接下来，断言可以创建一个 Game 类的实例：

```
@Test
public void canCreateGame() throws Exception {
  Game g = new Game();
}
```

接下来，引导集成开发环境（Integrated Development Environment，IDE）创建缺失的 Game 类，使得测试代码编译并通过：

```
public class Game {
}
```

接下来，看看是否可以投出一个球：

```
@Test
public void canRoll() throws Exception {
  Game g = new Game();
  g.roll(0);
}
```

然后通过引导 IDE 创建 roll 函数来让测试代码编译并通过，并对参数[⊖]进行合理的命名：

```
public class Game {
  public void roll(int pins) {
  }
}
```

测试中已经有了一些重复代码。这些重复代码应该去掉，所以可以将游戏的创建过程提取到 setup 函数中：

　　⊖　这里的参数 pins 表示投（roll）一次球所击倒的球瓶数量。——译者注

```java
public class BowlingTest {
  private Game g;

  @Before
  public void setUp() throws Exception {
    g = new Game();
  }
}
```

这使得第一个测试内容为空，可以删除。第二个测试也没用，因为它不断言任何东西，所以也删除。

接下来要断言生产代码可以为游戏计分。但为了做到这一点，需要玩一个完整的游戏：

```java
@Test
public void gutterGame() throws Exception {
  for (int i=0; i<20; i++)
    g.roll(0);
  assertEquals(0, g.score());
}

public int score() {
  return 0;
}
```

接下来是所有投球只得一分的情况：

```java
@Test
public void allOnes() throws Exception {
  for (int i=0; i<20; i++)
    g.roll(1);
  assertEquals(20, g.score());
}

public class Game {
  private int score;

  public void roll(int pins) {
    score += pins;
  }

  public int score() {
    return score;
  }
}
```

提取名为 `rollMany` 的函数，消除测试中的重复：

```
public class BowlingTest {
  private Game g;

  @Before
  public void setUp() throws Exception {
    g = new Game();
  }

  private void rollMany(int n, int pins) {
    for (int i=0; i<n; i++) {
      g.roll(pins);
    }
  }

  @Test
  public void gutterGame() throws Exception {
    rollMany(20, 0);
    assertEquals(0, g.score());
  }

  @Test
  public void allOnes() throws Exception {
    rollMany(20, 1);
    assertEquals(20, g.score());
  }
}
```

接着写下一个测试。一个补中外加一个额外的投球,其余的都是洗沟球[⊖]:

```
@Test
public void oneSpare() throws Exception {
  rollMany(2, 5);
  g.roll(7);
  rollMany(17, 0);
  assertEquals(24, g.score());
}
```

⊖ 洗沟球指滚入了球道两侧的球沟中没有击中任何球瓶的球。保龄球中每个玩家每局有 10 个计分格(frame)。玩家每个计分格最多有 2 次投球机会,但第 10 个计分格最多有 3 次投球机会。每个计分格的得分是击倒的球瓶总数加上全中(strike)或补中(spare)的奖励分。全中指第一球就击倒了 10 个球瓶,用 "X" 标记,得分为 10 分加上接下来的 2 次投球(属于下一个计分格)所击倒的球瓶数。补中指在一个计分格中用两次投球才击倒 10 个球瓶,用 "/" 标记,得分为 10 分加上接下来的 1 次投球(属于下一个计分格)所击倒的球瓶数。第 10 个计分格有点不同。如果在第 10 个计分格投出全中或补中,则能获得额外的投球机会来完成这个计分格:全中能获得 2 次额外投球机会;补中能获得 1 次额外投球机会。这些额外的投球只用于计算第 10 个计分格的得分。在下面的测试中,第 1 个计分格为补中,其得分为 10 分加上接下来的 1 次投球(属于第 2 个计分格)所得的 7 分,所以第 1 个计分格的得分为 17 分。第 2 个计分格的第 1 次投球击中 7 个球瓶,第 2 次为洗沟球,所以第 2 个计分格得分为 7 分。之后都是洗沟球。这样,最后的总得分为 17+7=24 分。——译者注

这个测试肯定运行失败。为了让其通过，必须重构算法。可以将得分的计算从 `roll` 方法移至 `score` 方法，然后以每次两个球（即一个计分格）的方式遍历 `rolls` 数组：

```
public int score() {
  int score = 0;
  int frameIndex = 0;
  for (int frame = 0; frame < 10; frame++) {
    if (isSpare(frameIndex)) {
      score += 10 + rolls[frameIndex + 2];
      frameIndex += 2;
    } else {
      score += rolls[frameIndex] + rolls[frameIndex + 1];
      frameIndex += 2;
    }
  }
  return score;
}

private boolean isSpare(int frameIndex) {
  return rolls[frameIndex] + rolls[frameIndex + 1] == 10;
}
```

接下来测试全中的场景[○]：

```
@Test
public void oneStrike() throws Exception {
  g.roll(10);
  g.roll(2);
  g.roll(3);
  rollMany(16, 0);
  assertEquals(20, g.score());
}
```

为了让测试运行通过，只需增加全中的情况，然后稍重构一下：

```
public int score() {
  int score = 0;
  int frameIndex = 0;
  for (int frame = 0; frame < 10; frame++) {
    if (isStrike(frameIndex)) {
      score += 10 + strikeBonus(frameIndex);
      frameIndex++;
```

[○] 在下面的测试代码中，玩家在第 1 个计分格一投全中，这个计分格的分数为 10 分加上接下来的 2 次投球（属于下一个计分格）所击倒的球瓶数 2 和 3，即 10+2+3=15 分。第 2 个计分格有两次投球，分别击倒了 2 个和 3 个球瓶，得分为 2+3=5 分。之后的 8 个计分格的 16 次投球都是洗沟球，所以得分为 0 分。这样，这一局的得分为 15+5+0=20 分。——译者注

```
    } else if (isSpare(frameIndex)) {
      score += 10 + spareBonus(frameIndex);
      frameIndex += 2;
    } else {
      score += twoBallsInFrame(frameIndex);
      frameIndex += 2;
    }
  }
  return score;
}
```

最后，测试每投皆全中的完美比赛[⊖]得分：

```
@Test
public void perfectGame() throws Exception {
  rollMany(12, 10);
  assertEquals(300, g.score());
}
```

生产代码没有做任何修改，这个测试就运行通过了。

7.2　Clojure 版

在 Clojure 中，事情的开始方式与 Java 完全不同。此时，不需要创建类，也不需要 roll 方法，而是首先测试洗沟球：

```
(should= 0 (score (repeat⊖ 20 0)))
```

```
(defn score [rolls] 0)
```

接下来测试 20 投每次仅击中 1 个球瓶的情况：

```
(should= 20 (score (repeat 20 1)))
```

```
(defn score [rolls]
  (reduce + rolls))
```

这里没什么新鲜的。reduce[⊖]函数只是将 + 函数应用于整个列表。接下来测试补中的情况：

```
(should= 24 (score (concat [5 5 7] (repeat 17 0))))
```

⊖ 如果包括最后 2 次额外投球在内，12 次投球每投皆全中的话，那么这样一局完美比赛的得分为 10 个计分格的分数之和。其中每个计分格的得分均为 30 分，这样总分为 30×10=300 分。——译者注
⊖ repeat 函数返回重复值的序列。在本例中，返回值是一个由 20 个零组成的序列。
⊖ 你可以查看这个函数的用法。它的作用比这段所暗示的要多很多。我们很快就能看到。

为了让这个测试通过，需要完成几个步骤。首先要将 `rolls` 数组分解为多个计分格，然后对这些计分格求和。先假设每个计分格投两次球⊖：

```
(defn to-frames [rolls]
  (partition 2 rolls))

(defn add-frame [score frame]
  (+ score (reduce + frame)))

(defn score [rolls]
  (reduce add-frame 0 (to-frames rolls)))
```

现在，`reduce` 函数开始发挥作用。它循环遍历每对投球，并将它们累积为得分。

上面的代码使得之前的所有测试都通过了，但是补中的测试尚未通过。为了使其通过，必须为 `to-frames` 和 `add-frame` 函数添加特殊处理。我们的目标是将计算计分格所需的所有投球都放入计分格数据中。

```
(defn to-frames [rolls]
  (let [frames (partition 2 rolls)
        possible-bonuses (map #(take 1 %)⊜ (rest frames))
        possible-bonuses⊜ (concat⑳ possible-bonuses [[0]])]
    (map concat frames possible-bonuses)))

(defn add-frame [score frame-and-bonus]
  (let [frame (take 2 frame-and-bonus)]
    (if (= 10 (reduce + frame))
      (+ score (reduce + frame-and-bonus))
      (+ score (reduce + frame)))))

(defn score [rolls]
  (reduce add-frame 0 (to-frames rolls)))
```

仔细看看这段代码，其中有很多小技巧和变通方法。为什么呢？因为 Clojure 中满是可爱和诱人的小工具，你可以使用它们将数据转化为想要的任何形式，然后进一步使用小技巧将数据精确地调整到想要的形式。如果不小心，这些小技巧可能会主导代码的风格。

例如，看看能否弄清楚为什么上述代码的 `to-frames` 函数要将 `[[0]]` 传递给 `concat`

⊖ `partition` 函数将 `rolls` 列表分解为一个投球对子列表，所以列表 [1 2 3 4 5 6] 就变为列表 [[1 2][3 4][5 6]]。

⊜ `#(…)` 创建了一个匿名函数。`%` 符号是该函数的参数。如果写成 `%n`，其中 n 是一个整数，就表示第 n 个参数。因此，`#(take 1 %)` 是一个函数，它返回一个包含其参数中的第一个元素的列表。

⊜ 这不是重新赋值，甚至也不是重新初始化。第二个 `possible-bonuses` 值与第一个是不同的。可以将其想象为 Java 中的隐藏了函数参数的局部变量或具有相同名称的成员变量。

⑳ `concat` 函数会将列表连在一起，所以 (concat [1 2] [3 4]) 返回的是 [1 2 3 4]。

函数^㊀。另外，问问自己为何代码使用了 `#(take 1 %)` 而不是 `first`^㊁。

即使因为这些小技巧而难以理解这段代码，也不要太担心。回想起来，我自己也感到很困惑。

那么，当这些小技巧开始激增时，就该重新思考解决方案了。因此，可将解决方案重构为一个简单的 `loop`：

```
(defn to-frames [rolls]
  (loop [remaining-rolls rolls
         frames []]
    (cond
      (empty? remaining-rolls)
      frames

      (= 10 (reduce + (take 2 remaining-rolls)))
      (recur (drop 2 remaining-rolls)
             (conj frames (take 3 remaining-rolls)))
      :else
      (recur (drop 2 remaining-rolls)
             (conj frames (take 2 remaining-rolls))))))

(defn add-frames [score frame]
  (+ score (reduce + frame)))

(defn score [rolls]
  (reduce add-frames 0 (to-frames rolls)))
```

这看起来好多了，而且看起来变得有点像 Java 的解决方案。下一步测试全中的情况：

```
(should= 20 (score (concat [10 2 3] (repeat 16 0))))
```

可以在 `cond` 中添加一个条件来使测试通过：

```
(defn to-frames [rolls]
  (loop [remaining-rolls rolls
         frames []]
    (cond
      (empty? remaining-rolls)
      frames

      (= 10 (first remaining-rolls))
```

㊀ 由于额外得分是基于下一计分格的，因此 possible-bonuses 会少一个元素（因为最后一个计分格没有对应的 possible-bonuses。——译者注）。这会阻止对最后一个元素的 map 调用（所以在 possible-bonuses 后面追加了空元素 [[0]]，补上少了的那个元素，以便 map 对所有元素执行完整。——译者注）。

㊁ `(take 1 x)` 返回包含 x 中的第一个元素的列表，而 `first` 则返回第一个元素。

```
        (recur (rest remaining-rolls)
               (conj frames (take 3 remaining-rolls)))

        (= 10 (reduce + (take 2 remaining-rolls)))
        (recur (drop 2 remaining-rolls)
               (conj frames (take 3 remaining-rolls)))
        :else
        (recur (drop 2 remaining-rolls)
               (conj frames (take 2 remaining-rolls))))))

(defn add-frames [score frame]
  (+ score (reduce + frame)))

(defn score [rolls]
  (reduce add-frames 0 (to-frames rolls)))
```

很简单吧！现在剩下的就是每投全中的完美游戏了。如果这跟 Java 版一样，那么下面的测试应该在不改任何生产代码的情况下就能运行通过：

```
(should= 300 (score (repeat 12 10))))
```

但测试没通过！能看出为什么吗？也许下面的修复能解释清楚：

```
(defn score [rolls]
  (reduce add-frames 0 (take 10 (to-frames rolls))))
```

`to-frames` 函数自顾自地创建了超过 10 个计分格。它只是运行到 `rolls` 列表的末尾，生成尽可能多的计分格。但是保龄球游戏一局只有 10 个计分格。

7.3 总结

在解决保龄球计分这个问题上，Java 版和 Clojure 版存在许多有趣的差异。首先，Clojure 版没有 `Game` 类，因此，在 Java 版中创建这个类并施展拳脚的做法在 Clojure 版中荡然无存。

有人可能会认为缺少 `Game` 类是 Clojure 版的弱点。毕竟，简单地创建一个 `Game` 类，然后投出一堆球并计算分数是很方便的。但是，Clojure 版已经将投球的累积与分数的计算解耦了。在 Clojure 版中，这些概念并没有绑定在一起。此时能感觉到 Java 版令人难以觉察地违背了单一职责原则[⊖]。

其次，当试图处理补中的情况时，能看到 Clojure 版是如何遭到所有那些讨厌的小技巧的污染的。这是 Clojure 程序（或者说 Clojure 程序员）所面临的一个真正的问题。为了使代

⊖ Robert C. Martin, *Clean Architecture* (Pearson, 2017).

码能正常运行，添加一个讨厌的小技巧简直太容易了。

最后，Clojure 解决方案与 Java 解决方案明显不同。当然，两者也有一些相似之处。Clojure 版中的 cond 结构能让人联想到 Java 版中的 if/else 结构。然而，这两个相似的结构产生了完全不同的结果。Java 版产生了投球分数，而 Clojure 版产生了一个计分格，其中包括补中和全中的额外球。

这个关注点分离很有趣。事实上，计算分数迫使两个版本都要识别出能影响每个计分格的所有投球。但是，Java 版将投球累积与分数计算放到一起，而 Clojure 版很好地分离了这两个关注点。

这两个版本哪一个更好？Java 版虽然比 Clojure 版简单一点，但它耦合程度更高；Clojure 版中的关注点分离能让人确信它更加灵活且有用[⊖]。

当然，这只是在讨论了十几行代码后得出的结论。

⊖ 此处的 Java 版和 Clojure 版仅分别代表 Java 语言的面向对象编程和 Clojure 语言的函数式编程，而非这两种语言本身。因为程序员也可以使用 Java 来进行函数式编程，比如可以使用 Vavr 这样的面向 Java 8+ 的函数式程序库来得到不可变的 List 对象以编写函数。另外，程序员也可以用 Clojure 来进行面向对象编程。——译者注

第 8 章
八卦公交司机练习

到目前为止，在这种比较性分析中，我们尚未找到一个强有力的理由来使人更倾向于函数式编程而非面向对象（OO）编程。为此，我们来研究一个更有趣的问题。

面向对象诞生于 1966 年。当时，Ole-Johan Dahl 和 Kristen Nygaard 对 ALGOL-60 语言进行了一些修改，以使该语言更适合离散事件的模拟㊀。新语言名为 SIMULA-67。人们认为这是第一种真正的面向对象语言。

现在可以对一个简单的离散事件模拟器进行比较性分析。这应该会把问题直接对准 OO 的核心。"八卦公交司机"练习㊁是不错的选择。

给定 n 个司机，每个司机都有自己的环形线路车站。现在要计算需要经过多少步㊂，才能刚好使每个公交司机都能把自己所知道的所有八卦故事告诉所有其他公交司机。只有当司机们到达同一个车站时，才会聊八卦故事。

假设 Bob 知道八卦 X 并沿线路 [p, q, r] 开车，Jim 知道八卦 Y 并沿线路 [s, t, u, p] 开车。那么，Bob 和 Jim 什么时候能分享彼此的八卦？如果他俩同时发车，那么在走完前 3 步的时候，他俩都会到达车站 p。记住，两人的线路都是环形的㊃。

这个过程限制在 480 步㊄之内。

当有两个以上的司机和更复杂的线路时，这个问题会变得更加有趣。

8.1 Java 版

下面是用 Java 编写的这个问题的解决方案。这里从一个非常传统的 OO 分析和设计开始（参见图 8-1）。

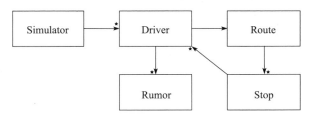

图 8-1　Java 版的简单对象模型

㊀ 传说他们当时正在模拟挪威的远洋运输。
㊁ https://kata-log.rocks/gossiping-bus-drivers-kata
㊂ 在这个练习中，每经过一步意味着各位公交司机同时开车，按照自己的行车线路驶了一站地。另外，如果两位及以上的司机都到达了同一站，那么他们就能相互分享彼此的八卦故事。——译者注
㊃ 线路是环形的意味着 Bob 每天会以 p, q, r, p, q, r, …这种循环往复的线路开公交车。——译者注
㊄ 这个练习假设所有司机都同时发车，同时抵达各自线路的下一站，这称为一步。每行驶一站，即每走一步，他们各自都恰好耗时 1 分钟。他们每天工作 8 小时，这样每位司机每天各自要走 480 步。这个练习的目标就是计算在一天内，至少需要走多少步才能刚好让所有司机都能听到其他司机所知道的所有八卦故事。——译者注

模拟器（Simulator）里有许多公交司机（Driver），每个司机都有一条行车线路（Route），每条线路都包含许多车站（Stop），每个车站又会有许多司机（停车聊八卦），每个司机又会有许多八卦故事（Rumor）。

这是一个相当简单的对象模型，甚至都没有任何继承或多态，所以实现起来应该相当简单。

我使用 TDD 方法来编写 Java 代码。下面是测试代码。如你所见，测试代码虽然相当冗长，但至少它们都在一个测试类中[⊖]：

```java
package gossipingBusDrivers;

import org.junit.Before;
import org.junit.Test;

import static org.hamcrest.MatcherAssert.assertThat;
import static org.hamcrest.collection.IsEmptyCollection.empty;

import static org.hamcrest.collection.
  IsIterableContainingInAnyOrder.containsInAnyOrder;
import static org.junit.Assert.assertEquals;

public class GossipTest {
private Stop stop1;
private Stop stop2;
private Stop stop3;
private Route route1;
private Route route2;
private Rumor rumor1;
private Rumor rumor2;
private Rumor rumor3;
private Driver driver1;
private Driver driver2;

@Before
public void setUp() {
  stop1 = new Stop("stop1");
  stop2 = new Stop("stop2");
  stop3 = new Stop("stop3");
  route1 = new Route(stop1, stop2);
  route2 = new Route(stop1, stop2, stop3);
  rumor1 = new Rumor("Rumor1");
  rumor2 = new Rumor("Rumor2");
```

⊖ 如果读过我的 *Clean Craftsmanship*（Addison-Wesley, 2021），就会明白为什么这是一件好事。

```java
    rumor3 = new Rumor("Rumor3");
    driver1 = new Driver("Driver1", route1, rumor1);
    driver2 = new Driver("Driver2", route2, rumor2, rumor3);
}

@Test
public void driverStartsAtFirstStopInRoute() throws Exception {
    assertEquals(stop1, driver1.getStop());
}

@Test
public void driverDrivesToNextStop() throws Exception {
    driver1.drive();
    assertEquals(stop2, driver1.getStop());
}

@Test
public void driverReturnsToStartAfterLastStop()
throws Exception {
    driver1.drive();
    driver1.drive();
    assertEquals(stop1, driver1.getStop());
}

@Test
public void firstStopHasDriversAtStart() throws Exception {
    assertThat(stop1.getDrivers(), containsInAnyOrder(driver1,
                                                     driver2));
    assertThat(stop2.getDrivers(), empty());
}

@Test
public void multipleDriversEnterAndLeaveStops()
throws Exception {
    assertThat(stop1.getDrivers(), containsInAnyOrder(driver1,
                                                     driver2));
    assertThat(stop2.getDrivers(), empty());
    assertThat(stop3.getDrivers(), empty());
    driver1.drive();
    driver2.drive();
    assertThat(stop1.getDrivers(), empty());
    assertThat(stop2.getDrivers(), containsInAnyOrder(driver1,
                                                     driver2));
    assertThat(stop3.getDrivers(), empty());
```

```java
    driver1.drive();
    driver2.drive();
    assertThat(stop1.getDrivers(), containsInAnyOrder(driver1));
    assertThat(stop2.getDrivers(), empty());
    assertThat(stop3.getDrivers(), containsInAnyOrder(driver2));
    driver1.drive();
    driver2.drive();
    assertThat(stop1.getDrivers(), containsInAnyOrder(driver2));
    assertThat(stop2.getDrivers(), containsInAnyOrder(driver1));
    assertThat(stop3.getDrivers(), empty());
}

@Test
public void driversHaveRumorsAtStart() throws Exception {
    assertThat(driver1.getRumors(), containsInAnyOrder(rumor1));
    assertThat(driver2.getRumors(), containsInAnyOrder(rumor2,
                                                      rumor3));
}

@Test
public void noDriversGossipAtEmptyStop() throws Exception {
    stop2.gossip();
    assertThat(driver1.getRumors(), containsInAnyOrder(rumor1));
    assertThat(driver2.getRumors(), containsInAnyOrder(rumor2,
                                                      rumor3));
}

@Test
public void driversGossipAtStop() throws Exception {
    stop1.gossip();
    assertThat(driver1.getRumors(), containsInAnyOrder(rumor1,
                                                      rumor2,
                                                      rumor3));

    assertThat(driver2.getRumors(), containsInAnyOrder(rumor1,
                                                      rumor2,
                                                      rumor3));
}

@Test
public void gossipIsNotDuplicated() throws Exception {
    stop1.gossip();
    stop1.gossip();
    assertThat(driver1.getRumors(), containsInAnyOrder(rumor1,
```

```
                                              rumor2,
                                              rumor3));

    assertThat(driver2.getRumors(), containsInAnyOrder(rumor1,
                                              rumor2,
                                              rumor3));
}

  @Test
  public void driveTillEqualTest() throws Exception {
    assertEquals(1, Simulation.driveTillEqual(driver1,
                                              driver2));
  }

  @Test
  public void acceptanceTest1() throws Exception {
    Stop s1 = new Stop("s1");
    Stop s2 = new Stop("s2");
    Stop s3 = new Stop("s3");
    Stop s4 = new Stop("s4");
    Stop s5 = new Stop("s5");
    Route r1 = new Route(s3, s1, s2, s3);
    Route r2 = new Route(s3, s2, s3, s1);
    Route r3 = new Route(s4, s2, s3, s4, s5);
    Driver d1 = new Driver("d1", r1, new Rumor("1"));
    Driver d2 = new Driver("d2", r2, new Rumor("2"));
    Driver d3 = new Driver("d3", r3, new Rumor("3"));
    assertEquals(6, Simulation.driveTillEqual(d1, d2, d3));
  }

  @Test
  public void acceptanceTest2() throws Exception {
    Stop s1 = new Stop("s1");
    Stop s2 = new Stop("s2");
    Stop s5 = new Stop("s5");
    Stop s8 = new Stop("s8");
    Route r1 = new Route(s2, s1, s2);
    Route r2 = new Route(s5, s2, s8);
    Driver d1 = new Driver("d1", r1, new Rumor("1"));
    Driver d2 = new Driver("d2", r2, new Rumor("2"));
    assertEquals(480, Simulation.driveTillEqual(d1, d2));
  }
}
```

解决方案代码可以分解为几个小文件。

8.1.1 公交司机文件

```java
package gossipingBusDrivers;

import java.util.Arrays;
import java.util.HashSet;
import java.util.Set;

public class Driver {
  private String name;
  private Route route;
  private int stopNumber = 0;
  private Set<Rumor> rumors;

  public Driver(String name, Route theRoute,
                Rumor... theRumors) {
    this.name = name;
    route = theRoute;
    rumors = new HashSet<>(Arrays.asList(theRumors));
    route.stopAt(this, stopNumber);
  }

  public Stop getStop() {
    return route.get(stopNumber);
  }

  public void drive() {
    route.leave(this, stopNumber);
    stopNumber = route.getNextStop(stopNumber);
    route.stopAt(this, stopNumber);
  }

  public Set<Rumor> getRumors() {
    return rumors;
  }

  public void addRumors(Set<Rumor> newRumors) {
    rumors.addAll(newRumors);
  }
}
```

8.1.2 行车线路文件

```java
package gossipingBusDrivers;

public class Route {
```

```java
    private Stop[] stops;

    public Route(Stop... stops) {
      this.stops = stops;
    }

    public Stop get(int stopNumber) {
      return stops[stopNumber];
    }

    public int getNextStop(int stopNumber) {
      return (stopNumber + 1) % stops.length;
    }

    public void stopAt(Driver driver, int stopNumber) {
      stops[stopNumber].addDriver(driver);
    }

    public void leave(Driver driver, int stopNumber) {
      stops[stopNumber].removeDriver(driver);
    }
  }
```

8.1.3 公交车站文件

```java
  package gossipingBusDrivers;

import java.util.ArrayList;
import java.util.HashSet;
import java.util.List;
import java.util.Set;

public class Stop {
  private String name;
  private List<Driver> drivers = new ArrayList<>();

    public Stop(String name) {
      this.name = name;
    }

    public String toString() {
      return name;
    }

    public List<Driver> getDrivers() {
```

```java
      return drivers;
    }

    public void addDriver(Driver driver) {
      drivers.add(driver);
    }

    public void removeDriver(Driver driver) {
      drivers.remove(driver);
    }

    public void gossip() {
      Set<Rumor> rumorsAtStop = new HashSet<>();
      for (Driver d : drivers)
        rumorsAtStop.addAll(d.getRumors());
      for (Driver d : drivers)
        d.addRumors(rumorsAtStop);
    }
  }
```

8.1.4　八卦故事文件

```java
  package gossipingBusDrivers;

  public class Rumor {
    private String name;

    public Rumor(String name) {
      this.name = name;
    }

    public String toString() {
      return name;
    }
  }
```

8.1.5　模拟过程文件

```java
  package gossipingBusDrivers;

  import java.util.HashSet;
  import java.util.Set;

  public class Simulation {
    public static int driveTillEqual(Driver... drivers) {
```

```java
    int time;
    for (time = 0; notAllRumors(drivers) && time < 480; time++)
      driveAndGossip(drivers);
    return time;
  }

  private static void driveAndGossip(Driver[] drivers) {
    Set<Stop> stops = new HashSet<>();
    for (Driver d : drivers) {
      d.drive();
      stops.add(d.getStop());
    }
    for (Stop stop : stops)
      stop.gossip();
  }

  private static boolean notAllRumors(Driver[] drivers) {
    Set<Rumor> rumors = new HashSet<>();
    for (Driver d : drivers)
      rumors.addAll(d.getRumors());
    for (Driver d : drivers) {
      if (!d.getRumors().equals(rumors))
        return true;
    }
    return false;
  }
}
```

快速浏览这些代码，可以看出它是以非常传统的面向对象风格编写的，且对象较好地封装了它们自己的状态。

8.2 Clojure 版

在编写 Clojure 版时，我没有从设计草图开始，而是依靠 TDD 测试来进行设计。测试如下：

```clojure
(ns gossiping-bus-drivers-clojure.core-spec
  (:require [speclj.core :refer :all]
            [gossiping-bus-drivers-clojure.core :refer :all]))

(describe "gossiping bus drivers"
  (it "drives one bus at one stop"
    (let [driver (make-driver "d1" [:s1] #{:r1}○
```

○ 在 Clojure 中，#{...} 代表集合。集合是不含重复项的子项列表。

```
              world [driver]
              new-world (drive world)]
        (should= 1 (count new-world))
        (should= :s1 (-> new-world first :route first))))

  (it "drives one bus at two stops"
    (let [driver (make-driver "d1" [:s1 :s2] #{:r1})
          world [driver]
          new-world (drive world)]
      (should= 1 (count new-world))
      (should= :s2 (-> new-world first :route first))))

  (it "drives two buses at some stops"
    (let [d1 (make-driver "d1" [:s1 :s2] #{:r1})
          d2 (make-driver "d2" [:s1 :s3 :s2] #{:r2})
          world [d1 d2]
          new-1 (drive world)
          new-2 (drive new-1)]
      (should= 2 (count new-1))
      (should= :s2 (-> new-1 first :route first))
      (should= :s3 (-> new-1 second :route first))
      (should= 2 (count new-2))
      (should= :s1 (-> new-2 first :route first))
      (should= :s2 (-> new-2 second :route first))))

  (it "gets stops"
    (let [drivers #{{:name "d1" :route [:s1]}
                    {:name "d2" :route [:s1]}
                    {:name "d3" :route [:s2]}}]
      (should= {:s1 [{:name "d1" :route [:s1]}
                     {:name "d2" :route [:s1]}]
                :s2 [{:name "d3", :route [:s2]}]}
               (get-stops drivers)))
  )

  (it "merges rumors"
    (should= [{:name "d1" :rumors #{:r2 :r1}}
              {:name "d2" :rumors #{:r2 :r1}}]
             (merge-rumors [{:name "d1" :rumors #{:r1}}
                            {:name "d2" :rumors #{:r2}}])))



  (it "shares gossip when drivers are at same stop"
    (let [d1 (make-driver "d1" [:s1 :s2] #{:r1})
          d2 (make-driver "d2" [:s1 :s2] #{:r2})
```

```
            world [d1 d2]
            new-world (drive world)]
     (should= 2 (count new-world))
     (should= #{:r1 :r2} (-> new-world first :rumors))
     (should= #{:r1 :r2} (-> new-world second :rumors))))

(it "passes acceptance test 1"
  (let [world [(make-driver "d1" [3 1 2 3] #{1})
               (make-driver "d2" [3 2 3 1] #{2})
               (make-driver "d3" [4 2 3 4 5] #{3})]]
    (should= 6 (drive-till-all-rumors-spread world))))

(it "passes acceptance test 2"
  (let [world [(make-driver "d1" [2 1 2] #{1})
               (make-driver "d2" [5 2 8] #{2})]]
    (should= :never (drive-till-all-rumors-spread world))))
)
```

Java 测试和 Clojure 测试之间有一些相似之处。两者都相当啰唆，尽管 Clojure 测试所包含的行数只有 Java 测试的一半。Java 版中有 12 个测试，而 Clojure 版中只有 8 个。这种差异主要与两种不同的解决方案的处理方式有关。Clojure 测试在处理数据时不仅速度快，而且与数据实现了松耦合。

以 `merges rumors` 测试为例。`merge-rumors` 函数虽然需要一个公交司机列表，但是测试并没有创建完全成型的公交司机列表，而是创建了看起来像 `merge-rumors` 函数所关心的公交司机的缩写结构。

解决方案只包括一个非常简短的文件：

```
(ns gossiping-bus-drivers-clojure.core
  (:require [clojure.set :as set]))

(defn make-driver [name route rumors]
  (assoc⊖ {} :name name :route (cycle⊜ route) :rumors rumors))

(defn move-driver [driver]
  (update⊜ driver :route rest))

(defn move-drivers [world]
```

- ⊖ `assoc` 将元素添加到映射中。(assoc {} :a 1) 返回 {:a 1}。
- ⊜ `cycle` 返回一个惰性加载（且"无限的"）的列表，即返回的列表无限地重复输入列表。因此，(cycle [1 2 3]) 返回 [1 2 3 1 2 3 1 2 3 …]。
- ⊜ `update` 函数返回一个更改了一个元素的新映射。(update m k f a) 通过应用函数 (f e a) 更改映射 m 中的元素 k，其中 e 是元素 k 的旧值。因此，(update {:x 1} :x inc) 返回 {:x 2}。

```clojure
    (map move-driver world))

(defn get-stops [world]
  (loop [world world
         stops {}]
    (if (empty? world)
      stops
      (let [driver (first world)
            stop (first (:route driver))
            stops (update stops stop conj driver)]
        (recur (rest world) stops)))))

(defn merge-rumors [drivers]
  (let [rumors (map :rumors drivers)
        all-rumors (apply set/union① rumors)]
    (map #(assoc % :rumors all-rumors) drivers)))

(defn spread-rumors [world]
  (let [stops-with-drivers (get-stops world)
        drivers-by-stop (vals② stops-with-drivers)]
    (flatten③ (map merge-rumors drivers-by-stop))))

(defn drive [world]
  (-> world move-drivers spread-rumors))

(defn drive-till-all-rumors-spread [world]
  (loop [world (drive world)
         time 1]
(cond
  (> time 480) :never
  (apply = (map :rumors world)) time
  :else (recur (drive world) (inc time)))))
```

这个解决方案只有34行，而Java解决方案却有145行，且分布在5个文件中。

两种解决方案虽然都有公交司机的概念，但Clojure方案并没有将线路、车站和八卦故事的概念封装为独立的对象，而是欣然将其放于公交司机对象中。

更"糟糕"的是，公交司机"对象"并不是传统OO意义上的对象。它没有方法。系统中倒是有一个 `move-driver` 方法。这个方法虽然只对单个的司机进行操作，但它只是更有趣的 `move-drivers` 函数的一个小小的辅助函数而已。

8个函数中的5个只接受 `world` 作为参数。因此，可以说这个系统中唯一真正的对象

---

① `union` 函数来自 `set` 命名空间。注意，代码开头的 `ns` 为 `clojure.set` 命名空间设置了 `set` 别名。
② `vals` 返回映射中所有值的列表。`keys` 返回映射中所有键的列表。
③ `flatten` 函数将列表的列表转化为所有元素的列表，所以 `(flatten [[1 2][3 4]])` 返回 `[1 2 3 4]`。

是 world。它有 5 个方法。但这样说确实有点牵强。

即使把公交司机当作一种对象，那也是不可变的对象。模拟现实世界的 world 只不过是一个不可变的公交司机列表。drive 函数接受 world 并生成一个新的 world。在这个新 world 中，所有的公交司机都移动了一步，并在其所到达的车站与其他司机聊了八卦故事。

drive 函数展示了以下重要概念。注意 world 是如何通过由一系列函数所组成的管道（pipeline）的。在本例中，组成管道的函数只有两个，即 move-drivers 和 spread-rumors。但在较大的系统中，管道可能会很长。每通过那个管道的一节，程序都会稍微修改一下 world 的形式。

这里的启发是，系统不根据对象而是根据函数划分。相对来说未做划分的数据从一个独立的函数流动到下一个。

有人可能会认为 Java 代码相对简单，而 Clojure 代码则过于紧凑和晦涩。相信我，适应这种紧凑并不需要很长时间，而且人们所感知到的晦涩只不过是不熟悉语法所造成的错觉罢了。

Clojure 版本中系统没有进行概念划分是一个问题吗？对于目前的规模而言，这不是问题。但如果这个程序像大多数系统那样快速增长，那么这个问题会变得非常严重。面向对象程序的划分就比函数式程序的划分更自然，因为前者的分界线更加明显和突出。

另外，我为 Java 版选择的分界线并不能保证产生有效的划分。Clojure 程序中的 drive 函数为此发出了警告。如果想更好地划分这个系统，或许应该依据处理 world 的不同操作而不是像线路、车站和八卦这样的东西。

8.3 总结

质因数练习和保龄球练习展现了函数式编程和 OO 编程之间的一些差异，但这些差异相对较小。八卦公交司机练习则让这种差异展现得更为明显。这很可能是因为后面这个练习比前两个练习规模要更大（可以说是两倍），同时它还是一个真正的有限状态机问题。

在从一个状态移动到另一个状态时，有限状态机会根据所传入的事件和当前状态采取操作。当这样的系统以 OO 风格编写时，状态往往存储在具有专用方法的可变对象中。但在函数式风格中，状态却保持在不可变的外部数据结构中。这些数据结构通过函数管道传递。

或许可以从中得出这样的结论：对于执行简单计算的程序（如质因数程序），OO 版本和函数式版本差异很小。毕竟，它们只是没有任何状态变化的简单函数。对于这种状态变化仅为次要问题的程序（如数组索引），编程风格上的差异微乎其微。但对于那些状态时刻变化的程序，如八卦公交司机程序，两种风格之间存在巨大差异。

OO 风格的概念划分与数据内聚性密切相关，而函数式风格的概念划分与行为内聚性密切相关。两者哪一个更好？这留给后续章节继续讨论。

第 9 章

面向对象编程

第 8 章展示了 OO 编程风格与数据类型和数据内聚性密切相关，但这并不是面向对象的全部。事实上，对于面向对象来说，数据内聚性在重要性上要让位于多态性。

在《架构整洁之道》[1]中，我指出 OO 编程风格具有三个属性：封装性、继承性和多态性。之后推理出，在这三者中，多态性是最有益的，另外两个充其量只具有辅助作用。

前面几章的示例并不适合用多态性解决。可以查看一下《敏捷软件开发：原则、模式和实践》[2]一书第三部分中解决工资问题的思路来进行调整。

需求如下：
- 有一个员工记录的数据库。
- 工资程序每天运行，为当天应该收到工资的员工支付工资。
- 领月薪的员工在月末的最后一个工作日领工资。他们的员工记录中有一个月薪字段。
- 领佣金的员工在每隔一周的周五领工资。他们的工资组成是底薪加佣金，在员工记录中有底薪和佣金率字段。佣金是通过将该员工的销售收据总额乘以佣金率来计算的。
- 领时薪的员工每周五领工资。他们的员工记录中有时薪字段。工资是通过将他们的时薪标准乘以当周出勤卡上的时间来计算的。如果周工作时间大于 40 小时，那么超出 40 小时的工作时间将按照 1.5 倍的时薪标准支付。
- 员工可以选择将工资单邮寄到家庭住址、存放在财务主任办公室或直接存入银行账户。员工记录中有地址、财务主任和银行信息字段。

图 9-1 所示为这个问题的典型 OO 解决方案的统一建模语言（UML）图。

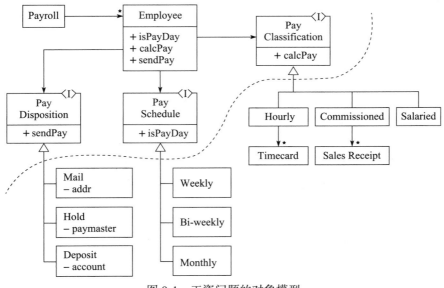

图 9-1　工资问题的对象模型

---

[1] Robert C. Martin, *Clean Architecture* (Pearson, 2017).
[2] Robert C Martin, *Agile Software Development: Principles, Patterns, and Practices* (Pearson, 2002).

或许最好的起点是 `Payroll` 类。在 Java 中，它有一个 `run` 方法，如下所示：

```java
void run() {
  for (Employee e : db.getEmployees()) {
    if (e.isPayDay()) {
      Pay pay = e.calcPay();
      e.sendPay(pay);
    }
  }
}
```

我已经在多个地方（包括前面提到的书籍）多次强调，上面这一小段代码就是纯粹的真相，即对于每一个员工，如果今天是他们该领工资的日子，那么程序就计算并给他们发工资。

基于这一小段代码，工资问题剩下的实现部分就很明确了。其中有三处用到了策略模式[○]：第一处是 `isPayDay` 的实现，第二处是 `calcPay` 的实现，第三处是 `sendPay` 的实现。

还有一点应该明确，即这种对象的结构必须由 `getEmployees` 函数来构建。该函数从数据库中读取员工记录并适当地进行操作。数据库中的数据的结构可能看起来跟这里的对象结构不大一样。

另外，还存在一个非常清晰的架构边界（用虚线表示）。它跨越所有的继承关系，将高级抽象与底层细节分开。

9.1 函数式工资问题解决方案

图 9-2 展示了函数式程序的样子。

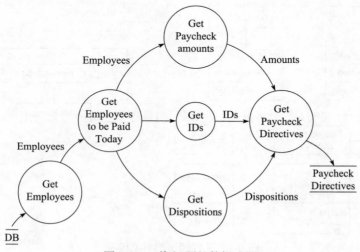

图 9-2 工资问题的数据流图

○ Erich Gamma, Richard Helm, Ralph Johnson, and John Vlissides, *Design Patterns: Elements of Reusable Object-Oriented Software* (Addison-Wesley, 1995), 315.

这里选择数据流图（Data Flow Diagram，DFD）来表示函数式解决方案，是不是很有趣？DFD 在描述流程和数据元素之间的关系时非常有用，但在描述架构决策时，就不如 UML 类图那么有用了。

尽管如此，DFD 仍然有助于提出函数式版本的纯粹的真相：

```
(defn payroll [today db]
  (let [employees (get-employees db)
        employees-to-pay (get-employees-to-be-paid-today
                           today employees)
        amounts (get-paycheck-amounts employees-to-pay)
        ids (get-ids employees-to-pay)
        dispositions (get-dispositions employees-to-pay)]
    (send-paychecks ids amounts dispositions)))
```

请注意，这与 Java 版不同，因为它没有使用迭代。相反，程序让员工列表流动起来，并在数据流图中的每个阶段都去修改员工列表。这是函数式程序典型的构思和编写方式。函数式程序更像是铺设管道，而不是迭代的过程，即它们调节和修改数据流，而不是迭代并分步处理单条数据。

那么，架构有何不同呢？OO 版本的 UML 图中有一个很好的架构边界，函数式版本中的架构边界在哪里？

我们可以深入研究一下。测试可能会给出一些提示：

```
(it "pays one salaried employee at end of month by mail"
  (let [employees [{:id "emp1"
                    :schedule :monthly
                    :pay-class [:salaried 5000]
                    :disposition [:mail "name" "home"]}]
        db {:employees employees}
        today (parse-date "Nov 30 2021")]
    (should= [{:type :mail
               :id "emp1"
               :name "name"
               :address "home"
               :amount 5000}]
             (payroll today db))))
```

在这个测试中，数据库包含 employee 的列表。每个 employee 都是一个具有特定字段的哈希映射。这与对象没有太大的不同，对吗？最后，payroll 函数返回一个工资单指令（directive）列表，其中每个指令也是一个哈希映射，这又是一个对象。很有趣！

```
(it "pays one hourly employee on Friday by Direct Deposit"
  (let [employees [{:id "empid"
```

```
                   :schedule :weekly
                   :pay-class [:hourly 15]
                   :disposition [:deposit "routing" "account"]}]
       time-cards {"empid" [["Nov 12 2022" 80/10[⊖]]]}
       db {:employees employees :time-cards time-cards}
       friday (parse-date "Nov 18 2022")]
  (should= [{:type :deposit
             :id "empid"
             :routing "routing"
             :account "account"
             :amount 120}]
           (payroll friday db))))
```

上面这个测试显示了 `employee` 和 `paycheck-directive`[⊖] 对象如何根据 `:schedule`、`:pay-class` 和 `:disposition` 而变化。它还显示了数据库包含与员工 `id` 关联的 `time-card`。

由此看来，第三个测试就可以照葫芦画瓢了：

```
(it "pays one commissioned employee on an even Friday by Paymaster"
  (let [employees [{:id "empid"
                    :schedule :biweekly
                    :pay-class [:commissioned 100 5/100]
                    :disposition [:paymaster "paymaster"]}]
        sales-receipts {"empid" [["Nov 12 2022" 15000]]}
        db {:employees employees :sales-receipts sales-receipts}
        friday (parse-date "Nov 18 2022")]
    (should= [{:type :paymaster
               :id "empid"
               :paymaster "paymaster"
               :amount 850}]
             (payroll friday db))))
```

注意，程序能正确计算所发的工资，能正确解析员工的工资单，而且我们可以看出，程序能遵循时间表发工资。那么，这一切是如何实现的呢？

下面的代码是关键：

```
(defn get-pay-class [employee]
  (first (:pay-class employee)))

(defn get-disposition [paycheck-directive]
  (first (:disposition paycheck-directive)))
```

⊖ 这不是 80 除以 10，而是有理数 80/10。这确保了后续数学运算不会将该值视为整数。
⊖ 上面的测试代码中没有 `paycheck-directive` 对象，原因是原书对测试代码进行了简化。而在本书所附带的代码中，是有这个对象的，参见 https://github.com/unclebob/FunctionalDesign 代码库中的 `functional-payroll` 文件夹中的 `core_spec.clj` 文件。——译者注

```clojure
(defmulti is-today-payday :schedule)
(defmulti calc-pay get-pay-class)
(defmulti dispose get-disposition)

(defn get-employees-to-be-paid-today [today employees]
  (filter① #(is-today-payday % today) employees))

(defn- build-employee [db employee]
  (assoc employee :db db))

(defn get-employees [db]
  (map (partial② build-employee db) (:employees db)))

(defn create-paycheck-directives [ids payments dispositions]
  (map #(assoc {} :id %1 :amount %2 :disposition %3)
       ids payments dispositions))

(defn send-paychecks [ids payments dispositions]
  (for③ [paycheck-directive
         (create-paycheck-directives ids payments dispositions)]
    (dispose paycheck-directive)))

(defn get-paycheck-amounts [employees]
  (map calc-pay employees))

(defn get-dispositions [employees]
  (map :disposition employees))

(defn get-ids [employees]
  (map :id employees))
```

看到那些 **defmulti** 语句（粗体字部分）了吗？它们与 Java 接口类似，尽管不完全相同。每个 **defmulti** 定义了一个多态函数。但是，该函数并不像 Java、C#、Ruby 或 Python 那样基于内在类型进行分派，而是根据所定义的多态函数名④右边所指定的函数的执行结果进行分派。

这样一来，**get-pay-class** 函数返回 **calc-pay** 函数所进行的多态分派的值。具体

---

① (filter predicate list) 为 list 中的每个成员调用 predicate，并返回 predicate 不为 false 的所有成员的序列。

② partial 函数接受一个函数和一些参数，并返回一个新函数。这个新函数中所有这些参数都已初始化。因此，((partial f 1) 2) 等同于 (f 1 2)。

③ 此处的 for 函数为 create-paycheck-directives 所返回的列表中的每个 paycheck-directive 调用 dispose。

④ 以 (defmulti is-today-payday :schedule) 为例，is-today-payday 就是这个 defmulti 语句所定义的多态函数名。——译者注

返回什么值呢？它返回 employee 的 pay-class 字段的第一个元素。根据所编写的测试代码，这些返回值是 :salaried、:hourly 和 :commissioned。

那么，calc-pay 函数的实现在哪里呢？它们在程序更后面的部分：

```clojure
(defn-① get-salary [employee]
  (second (:pay-class employee)))

(defmethod calc-pay :salaried [employee]
  (get-salary employee))

(defmethod calc-pay :hourly [employee]
  (let [db (:db employee)
        time-cards (:time-cards db)
        my-time-cards (get② time-cards (:id employee))
        [_ hourly-rate]③ (:pay-class employee)
        hours (map second my-time-cards)
        total-hours (reduce + hours)]
    (* total-hours hourly-rate)))

(defmethod calc-pay :commissioned [employee]
  (let [db (:db employee)
        sales-receipts (:sales-receipts db)
        my-sales-receipts (get sales-receipts (:id employee))
        [_ base-pay commission-rate] (:pay-class employee)
        sales (map second my-sales-receipts)
        total-sales (reduce + sales)]
    (+ (* total-sales commission-rate) base-pay)))
```

"更后面"使用了楷体字，是因为这在 Clojure 程序中很重要。Clojure 程序无法调用在调用点后面声明的函数。但这些函数确实是在调用点后面声明的。这意味着这里出现了源代码的依赖倒置问题。payroll 函数调用 calc-pay 的实现，但 calc-pay 的实现出现在 payroll 函数的后面。

实际上，可以将 defmulti 函数的所有实现代码都移动到 payroll 源文件不需要（require）的另一个源文件中。

如果画出这些源文件之间的关系，就能得到图 9-3。

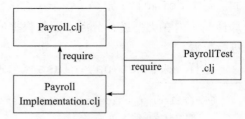

图 9-3 依赖倒置

---

① 后面的"-"使这个函数成为私有函数。这样一来就只有该文件中的函数才能访问它。（该文件中的表达式也能访问它。——译者注）

② (get m k) 返回映射 m 中 k 的值。

③ 解构映射 employee 的键 pay-class 的值，并忽略这个值中的第一个元素的值。

图中箭头描绘了源文件之间的 require 关系。在 payroll-implementation.clj 文件中，对应 require 关系的源代码看起来像这样：

(ns payroll-implementation
　(:require [payroll :refer [is-today-payday calc-pay dispose]]))

这种源代码的依赖倒置应该是显而易见的。payroll.clj 中的 payroll 函数调用 payroll-implementation.clj 文件中的 is-today-payday、calc-pay 和 dispose 实现代码，但是 payroll.clj 文件并不依赖 payroll-implementation.clj 文件。依赖关系指向相反的方向。

这种依赖倒置意味着什么？这意味着 payroll-implementation.clj 中的底层细节依赖于 payroll.clj 中的上层策略。而当底层细节依赖上层策略时，就有可能存在架构边界。如图 9-4 所示，这可以在图中画出来。

注意，图 9-4 中使用了 UML 实现箭头。这就好像 Payroll 和 PayrollImplementation 是 Java 程序中的类一样。

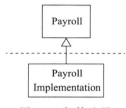

图 9-4　架构边界

但我们可以做得更好，将所有的 defmulti 语句连同其支持函数移到它们自己的 payroll-interface 命名空间和源文件中，就像这样：

(ns payroll-interface)

(defn- get-pay-class [employee]
　(first (:pay-class employee)))

(defn- get-disposition [paycheck-directive]
　(first (:disposition paycheck-directive)))

(defmulti is-today-payday :schedule)
(defmulti calc-pay get-pay-class)
(defmulti dispose get-disposition)

现在就可以画出图 9-5 这样的架构图了。

图 9-5 开始越来越像 Java 或 C# 程序的 UML 图了，就好像程序有一个 Payroll 类、一个 PayrollInterface 类和一个 PayrollImplementation 类。确实，从架构的角度来看，这是一种相当准确的陈述。

但也存在一些有趣的差异。例如，在面向对象的 Java 程序的 UML 图中所看到的 PaySchedule、PayClassification 和 PayDisposition 类在哪里？

通过将 PayrollImplementation.clj 文件拆分为三个命名空间和文件，就可以轻松地将它们从 Clojure 程序中提取出来，如图 9-6 所示。

但这一点在 Java 或 C# 中是做不到的，因为在这些语言中，无法在不同的模块中分别实现接口的各个函数。但在 Clojure 中，这是完全有可能的。要记住的重要的一点是，这是一个架构图，而不是一个类图。`PaySchedule`、`PayClassification` 和 `PayDisposition` 是命名空间和源文件，而不是类。这里没有创建它们的实例。它们并不代表 OO 意义上的对象。

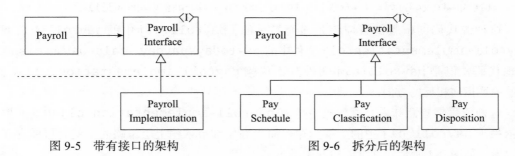

图 9-5　带有接口的架构　　　　图 9-6　拆分后的架构

但这并不意味着在 Clojure 解决方案中没有对象。对象确实存在。`employee` 和 `paycheck-directive`，甚至 `pay-class` 和 `disposition` 都是对象。它们虽然没有与之紧密关联的方法（就像写 OO 语言的代码那样），但这些对象会流经函数式程序中的函数。

9.2　命名空间与源文件

在 Clojure 中，命名空间和源文件之间有着特别紧密的关联。每个命名空间都必须包含在它自己的源文件中，而且该文件的名称必须与命名空间的名称相对应[⊖]。这与 Java 强制公共类名必须与其所在的源文件名一致的要求非常相似。这也与 C++ 和 C# 程序员使用的文件和类名的约定非常相似。这不禁让人认为每个 Clojure 命名空间都像一个类。

当然，这种对应关系并不完美。Clojure 命名空间的内容完全不需要像类一样。但总的来说，这个概念还不赖。

像 Clojure 这样的函数式语言会强烈地诱惑人以一种即兴和凭感觉的方式将函数以命名空间的方式分组。但如果没有 OO 的结构来强制将函数划分到类中并让类有自己的源文件，那么就经常会得到更加摇摇欲坠和脆弱不堪的源文件结构。

因此，在编写函数式程序时，考虑 OO 的划分规则并继续应用它们并不是一个坏主意。在后面探索原则、模式和架构方面的内容时，我们会更多地看到这一点。

9.3　总结

首先，函数式程序和 OO 程序是不同的。函数式程序倾向于铺设调节数据流转换的管道结构，而可变的 OO 程序倾向于迭代地处理一个个对象。然而，从架构的角度看，这两种风

⊖　通过简单的翻译算法。

格非常兼容。事实证明，可以将函数式程序的函数划分为与 OO 程序相同的、具有重要架构意义的元素。从架构的角度看，二者差异很小。

函数式程序可能不是由封装方法和定义对象的语法强制类组成的。然而，对象仍然存在于函数式程序中。与 OO 语言相比，这些对象与对其进行操作的函数之间的联系并没有那么紧密。这是优势还是劣势，接下来的章节将继续探讨。

我们将看到，随着讨论的内容越来越多地转向设计和架构，函数式程序与使用不可变对象的面向对象程序之间的区别开始变得越来越小。

第 10 章

类型

第 9 章可能令人有些不安。那些所谓的对象只是哈希映射，并且完全没有类型。任何人都可以随随便便把任何东西塞进对象。`:pay-class` 中的工资可以保存成字符串，而不是数字。`:schedule` 字段可以保存整数，而不是适当的关键字。

简而言之，这些对象都不是静态类型的。编译器也不检查这些对象。因此，混乱一触即发！

为了防止这种混乱，许多函数式语言以及许多 OO 语言都是静态类型的。但像 Clojure、Python 和 Ruby 这样的语言，则依赖于其他机制来防止这种混乱发生。

我们这些实践 TDD 的人通常不太担心这种混乱问题。因为测试通常能确保所传递的对象是正确地构造出来的。然而，在复杂系统中，所有对象所形成的整体会变得非常复杂。与动态类型语言（甚至大多数静态类型语言）相比，此时需要更正式和完整的方法来确保类型的完整性。

在 Clojure 中，可以使用 `clojure.spec` 库来实现保证类型完整性的目标。之前的工资示例的类型规格如下所示：

```
(s/def ::id string?)
(s/def ::schedule #{:monthly :weekly :biweekly})
(s/def ::salaried-pay-class (s/tuple #(= % :salaried) pos?①))
(s/def ::hourly-pay-class (s/tuple #(= % :hourly) pos?))
(s/def ::commissioned-pay-class (s/tuple #(= % :commissioned)
                                          pos? pos?))
(s/def ::pay-class (s/or :salaried ::salaried-pay-class
                         :Hourly ::hourly-pay-class
                         :Commissioned ::commissioned-pay-class))

(s/def ::mail-disposition (s/tuple #(= % :mail) string? string?))
(s/def ::deposit-disposition (s/tuple #(= % :deposit)
                                       string? string?))
(s/def ::paymaster-disposition (s/tuple #(= % :paymaster)
                                         string?))
(s/def ::disposition (s/or :mail ::mail-disposition
                           :deposit ::deposit-disposition
                           :paymaster ::paymaster-disposition))

(s/def ::employee (s/keys :req-un [::id ::schedule
                                   ::pay-class ::disposition]))
(s/def ::employees (s/coll-of ::employee))

(s/def ::date string?)
(s/def ::time-card (s/tuple ::date pos?))
(s/def ::time-cards (s/map-of ::id (s/coll-of ::time-card)))
```

---

① (pos? x) 在 x 大于零时返回 true。

```
(s/def ::sales-receipt (s/tuple ::date pos?))
(s/def ::sales-receipts (s/map-of
                         ::id (s/coll-of ::sales-receipt)))

(s/def ::db (s/keys :req-un [::employees]
                    :opt-un [::time-cards ::sales-receipts]))

(s/def ::amount pos?)
(s/def ::name string?)
(s/def ::address string?)
(s/def ::mail-directive (s/and #(= (:type %) :mail)
                               (s/keys :req-un [::id
                                                ::name
                                                ::address
                                                ::amount])))

(s/def ::routing string?)
(s/def ::account string?)
(s/def ::deposit-directive (s/and #(= (:type %) :deposit)
                                  (s/keys :req-un [::id
                                                   ::routing
                                                   ::account
                                                   ::amount])))

(s/def ::paymaster string?)
(s/def ::paymaster-directive (s/and #(= (:type %) :paymaster)
                                    (s/keys :req-un [::id
                                                     ::paymaster
                                                     ::amount])))

(s/def ::paycheck-directive (s/or
                              :mail ::mail-directive
                              :deposit ::deposit-directive
                              :paymaster ::paymaster-directive))

(s/def ::paycheck-directives (s/coll-of ::paycheck-directive))
```

如果你感觉上面这段代码看起来很吓人，那就对了。这里面有很多细节。但请记住，这是为了捕获所有类型约束而必须在静态类型语言的模块中指定的细节级别。

理解这种类型规格实际上并不困难。在测试代码的中间部分可以找到 `::db` 的定义。这段代码只是在说，数据库是一个哈希映射，它具有一个必需的 `:employees` 字段以及两个可选的 `:time-cards` 和 `:sales-receipts` 字段。

如果从这段测试代码规格中间位置稍微往上看，就会看到 `::employees` 是 `::employee` 的集合，`::sales-receipts` 是 `::sales-receipt` 的集合，`::time-cards` 是 `::time-card 的集合。不要在意那些双冒号，它们只是命名空间的约定。如果想了解它们，可以稍后阅读 Clojure 的文档。现在，只需看关键字，不用理会有多少个冒号。

如果继续往上看代码，就能看到 ::employee 是一个哈希映射，其中必须有 :id、:schedule、:pay-class 和 :disposition 键。继续看代码，就会发现 :id 必须是字符串，:schedule 必须是 :monthly、:weekly 或 :biweekly 中的一个，而 :salaried-pay-class 是一个包含 :salaried 的元组，后面跟着一个正数。

s/or 语句可能令人有些不安。它的参数成对出现，每对参数中的第一个就是那个替代项的名称。因此，在 ::disposition 定义中，:mail 只是 ::mail-disposition 替代项的名称。不必担心这个。如果哪天读一下 clojure.spec 的文档，这一切都会变得很清晰。

既然有了这个详尽的类型规格，那么该如何使用它呢？在测试中可以这样使用它：

```
(it "pays one salaried employee at end of month by mail"
  (let [employees [{:id "emp1"
                    :schedule :monthly
                    :pay-class [:salaried 5000]
                    :disposition [:mail "name" "home"]}]
        db {:employees employees}
        today (parse-date "Nov 30 2021")]
    (should (s/valid? ::db db))
    (let [paycheck-directives (payroll today db)]
      (should (s/valid? ::paycheck-directives
                        paycheck-directives))
      (should= [{:type :mail
                 :id "emp1"
                 :name "name"
                 :address "home"
                 :amount 5000}]
               paycheck-directives))))
```

注意 s/valid? 函数调用，如果数据与规格匹配，那么它会返回 true。仔细看就会发现，代码不仅检查函数传入的 ::db 规格，而且检查函数传出的 ::paycheck-directives 规格。这就确保了安全性。如果测试的覆盖率很高，而且都检查了所调用的函数的输入和输出的规格，那么违背类型规格的事情应该就极为罕见了。

有时，我还使用 Clojure 的 :pre 和 :post 特性在应用程序的主要处理函数之前和之后，针对关键数据运行规格检查测试。

例如，以下是我几年前写的 spacewar[⊖] 游戏的主要处理步骤：

```
(defn update-world [ms world]
  ;{:pre [(valid-world? world)]
```

[⊖] https://github.com/unclebob/spacewar

```
; :post [(valid-world? %)]}
(->> world
     (game-won ms)
     (game-over ms)
     (ship/update-ship ms)
     (shots/update-shots ms)
     (explosions/update-explosions ms)
     (clouds/update-clouds ms)
     (klingons/update-klingons ms)
     (bases/update-bases ms)
     (romulans/update-romulans ms)
     (view-frame/update-messages ms)
     (add-messages)))
```

上面的代码注释掉了 :pre 和 :post 语句○,但如果怀疑存在某种可怕的类型规格破坏,就可以重新运行这些断言。

总结

在静态类型和动态类型的问题上,有很多人叫苦不迭、咬牙切齿。每一方都对另一方大喊大叫,却不倾听任何一方的意见。我认为双方的观点都有道理。动态类型使代码更容易编写。静态类型使代码更安全、更容易理解、内部更一致。在我看来,clojure.spec 这样的库可以很好地平衡这一点。它让你可以根据需要进行或多或少的类型检查。它允许你指定何时检查类型,何时不检查类型。此外,它还允许你指定静态类型系统无法检查的动态约束。因此,在我看来,像这样的库提供了两全其美的解决方案。

○ 我不太在乎那些注释掉的代码。项目逐渐成熟后,就会删除这些行。

第三部分 *Part 3*

函数式设计

- 第 11 章　数据流
- 第 12 章　SOLID

第 11 章
数 据 流

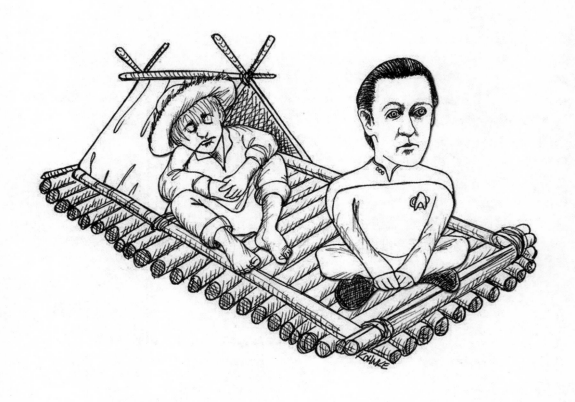

在第 9 章中，我提到函数式程序的设计更像是铺设管道而不是迭代过程。这种风格明确地偏向数据流。这是因为我们倾向于使用 map、filter 和 reduce 来将列表的内容转化为其他列表，而不是依次遍历每个元素来得到结果。

在之前的很多示例中都能看到这种倾向，例如在第二部分的保龄球练习、八卦公交司机练习和工资系统中。

我们再以 Advent of Code[⊖] 2022 第十天这个有趣的问题[⊖]为例。这个问题的目标是在一块 6×40 的屏幕上渲染像素。像素按照从左到右的顺序依次绘制，由一个时钟电路控制。时钟周期从 0 开始计数。如果寄存器 x 与时钟周期的计数匹配，那么屏幕上相应位置的像素就会被点亮，反之，则熄灭。

这实际上是老式 CRT 显示器的典型工作原理[⊖]。CRT 显示器内部有一个可以产生细长的电子束的电子枪，通过周期地改变磁场在屏幕上形成光栅。这需要在电子束扫过屏幕的恰当时刻对电子束充能。位图（bitmap）中的位和驱动电子束的时钟相匹配时就是充能的时刻。例如，如果时钟计数对应电子束扫描到第 934 个像素，且位图第 934 位置为 1，则电子束就会瞬间充能点亮这个像素。

Advent of Code 的问题更有意思。我们需要模拟一个只有两条指令的简单处理器。一条指令是 noop，它只是消耗一个时钟周期，没有其他效果。另一条指令是 addx，它有一个整数参数 n，并将其累加到处理器的寄存器 x 中。这条指令消耗两个时钟周期，并且只会在两个周期结束后才改变寄存器 x 中的值。如果某个周期开始时寄存器 x 与时钟周期计数匹配，那么这个周期内屏幕上的像素一直会被点亮。

例如，当时钟对应的电子束扫描到屏幕上第 23 个像素，且这个周期（计数 23）开始时寄存器 x 中的值是 23 时，电子束就将在这个时钟周期内充能。

为了使问题更复杂一点，扩大寄存器 x 和时钟周期匹配时覆盖的像素范围，使第 22、23 和 24 个像素都和时钟周期计数 23 匹配。也就是说，寄存器 x 指定的是一个三个像素的窗口。只要时钟周期落入这个窗口，电子束就会被充能。

由于屏幕宽为 40 像素，高为 6 像素，所以时钟周期计数和寄存器 x 的匹配都要模 40 取余。

要实现的任务是执行一组指令并产生一个包含 6 个字符串的列表，每个字符串的长度为 40 个字符，字符值为 "#" 表示像素点亮，为 "." 则表示像素熄灭。

如果使用 Java、C、Go、C++、C# 或其他任何面向对象语言来编写这个程序，你可能会创建一个循环，一次处理一个时间周期，每个时间周期都要累加适当的像素（即组成字符串）。循环每次消耗一条指令并根据指示修改寄存器 x。

⊖ Advent of Code 是每年 12 月初到圣诞节每天一题的编程题练习，包含各种技能集，可以用任何语言实现。——译者注

⊖ https://adventofcode.com/2022/day/10

⊖ 阴极射线管（cathode ray tube）的缩写。阴极射线就是电子束。CRT 电子枪可以周期地改变磁场，使电子束在屏幕上逐行扫描。电子束击中屏幕上的磷光体使其发光，逐行扫描，从而形成图像。

下面是一段用 Java 编写的典型示例：

```java
package crt;

public class Crt {
  private int x;
  private String pixels = "";
  private int extraCycles = 0;
  private int cycle = 0;
  private int ic;
  private String[] instructions;
public Crt(int x) {
  this.x = x;
}

public void doCycles(int n, String instructionsLines) {
  instructions = instructionsLines.split("\n");
  ic = 0;
  for (cycle = 0; cycle < n; cycle++) {
    setPixel();
    execute();
  }
}

private void execute() {
  if (instructions[ic].equals("noop"))
    ic++;
  else if (instructions[ic].startsWith("addx ")
        && extraCycles == 0) {
    extraCycles = 1;
  }
  else if (instructions[ic].startsWith("addx ")
        && extraCycles == 1) {
    extraCycles = 0;
    x += Integer.parseInt(instructions[ic].substring(5));
    ic++;
  } else
    System.out.println("TILT");
}

private void setPixel() {
  int pos = cycle % 40;
  int offset = pos - x;
  if (offset >= -1 && 1 >= offset)
    pixels += "#";
  else
```

```
      pixels += ".";
    }
    public String getPixels() {
      return pixels;
    }

    public int getX() {
      return x;
    }
  }
```

注意上面这段示例代码中所有可变的状态。注意这段代码是如何一个周期一个周期地迭代、依次填充像素的。还要注意 extraCycles 这个有趣的逻辑，这是考虑到 addx 需要两个时钟周期来执行而增加的。

最后还要注意，尽管这段程序被划分成了几个还算清楚的小函数，但这些函数都因为可变状态的变量而相互耦合。当然，这种耦合对可变类的方法来说并不陌生。

现在我又用 Clojure 解决了这个问题。我想到的解决方案和上面这段 Java 代码非常不一样。请从代码最后开始往前阅读。Clojure 程序总是自底向上[○]写。

```
(ns day10-cathode-ray-tube.core
  (:require [clojure.string :as string]))

(defn noop [state]
  (update state :cycles conj (:x state)))

(defn addx [n state]
  (let [{:keys [x cycles]} state]
    (assoc state :x (+ x n)
                 :cycles (vec (concat cycles [x x])))))

(defn execute [state lines]
  (if (empty? lines)
    state
    (let [line (first lines)
          state (if (re-matches #"noop" line)
                  (noop state)
                  (if-let [[_ n] (re-matches
                                   #"addx (-?\d+)" line)]
                    (addx (Integer/parseInt n) state)
```

○ 自底向上（bottom up）的编程 / 设计风格（https://www.paulgraham.com/progbot.html）源自 Lisp，Clojure 沿袭了这种风格。和先考虑如何划分程序的自上而下（top down）的编程 / 设计风格不同，自底向上的编程 / 设计先从最需要的功能开始，一部分一部分地写出完整的程序。——译者注

```clojure
                              "TILT"))]⊖
          (recur state (rest lines)))))

(defn execute-file [file-name]
  (let [lines (string/split-lines (slurp file-name))
        starting-state {:x 1 :cycles []}
        ending-state (execute starting-state lines)]
    (:cycles ending-state)))

(defn render-cycles [cycles]
  (loop [cycles cycles
         screen ""
         t 0]
    (if (empty? cycles)
      (map #(apply str %) (partition 40 40 "" screen))
      (let [x (first cycles)
            offset (- t x)
            pixel? (<= -1 offset 1)
            screen (str screen (if pixel? "#" "."))
            t (mod (inc t) 40)]
        (recur (rest cycles) screen t)))))

(defn print-screen [lines]
  (doseq [line lines]
    (println line))
  true)

(defn -main []
  (-> "input"
      execute-file
      render-cycles
      print-screen))
```

函数 `execute-file` 将传入参数 `file-name` 文件中的指令列表转换为 x 的值的列表。函数 `render-cycles` 继续将 x 值的列表转换为像素列表，并将像素列表分割成 40 个字符长的字符串。

注意，上面这段 Clojure 代码中显然没有可变的变量。相反，状态值好像顺着一条管道一样流过每个函数。

状态值一开始流向函数 `execute-file`，接着流向函数 `execute`，然后反复流向函数 `noop` 或 `addx`，再流回 `execute`，最后流回 `execute-file`。在每个阶段都会从旧的状态值创建一个新的状态值，而不是直接修改旧的状态值。

⊖ TILT（本意是倾斜）是我最喜欢的错误提示消息。很早以前的弹球机就会使用这个消息，如果你想搬动弹球机将其倾斜起来（tilted）操纵弹球，弹球机就会显示这条消息并取消游戏。

如果你感觉这似曾相识，那就对了。这与我们熟悉的命令行 shell 管道和过滤器非常相似。数据沿着一条管道流入命令，被命令进行转换处理，又通过管道流入下一条命令。

这是我最近在 shell 中用过的一条命令：

```
ls -lh private/messages | cut -c 32-37,57-64
```

这条命令列出了 `private/messages` 目录的内容，然后剪切出某些字段。数据从 `ls` 命令流出，通过管道流入 `cut` 命令。这与状态值先后流过函数 `execute`、`addx` 和 `noop` 非常相似。

读者们应该注意到了这种管道带来的影响：`cathode-ray-tube` 程序被划分成一组小函数，这些小函数并没有因为使用可变状态而相互耦合。这些函数之间产生的耦合只不过是对顺着管道在函数间流动的数据的格式要求。

最后，请注意 Java 程序中用来处理 `addx` 指令的两个时钟周期的逻辑没有了。相反，把两个 x 值加到 `state` 的 `:cycles` 元素上就巧妙地解决了两个周期的问题。

当然，数据流风格不是唯一的选择。我本可以创建一个更接近 Java 算法风格的 Clojure 算法。但这不是我在使用函数式语言编码时思考问题的方式。相反，我倾向于使用数据流解决问题。

Java 和 C# 的一些新特性也让它们支持了数据流风格。但新特性写起来很啰唆，在我看来，这些方式有点硬往函数式风格上靠的意思，非常别扭。不同的人有不同的看法，但我发现我在使用面向对象语言时，更喜欢使用迭代而不是管道。

或者，换句话说：在（状态）可变的语言中，行为流过对象；在函数式语言中，对象流过行为。

第 12 章
SOLID

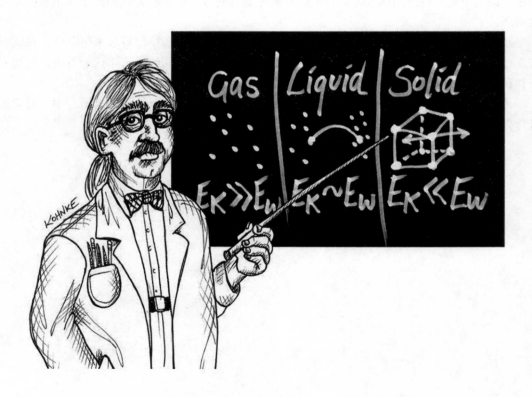

我在二十多年前写下了 SOLID 原则，当时是在面向对象设计的背景中进行总结的。这让许多人把这些原则和面向对象关联起来，认为它们和函数式编程风马牛不相及。这一点让人很遗憾，因为 SOLID 原则是软件设计的通用原则，并没有和特定的编程风格绑定。本章我将尽力解释 SOLID 原则同样适用于函数式编程。

接下来的几节内容是对这几条原则的概括，描述并不深入。如果读者有兴趣了解更多细节，我推荐阅读以下资源。

- 《敏捷软件开发：原则、模式和实践》[⊖]。
- 《架构整洁之道》[⊖]。
- Cleancoder.com：这个网站提供了一些视频，对每条原则都做了详细说明，并提供了非常贴切的例子。这个网站上还有很多博客和文章，除了这些原则之外，你还可以在这里学到很多内容。

12.1 单一职责原则

单一职责原则（Single Responsibility Principle，SRP）只是简单的一句话，说的是我们的模块要聚焦在造成模块变化的源头上。这些变化的源头当然是人。要求改动软件的是人，因此我们的模块要对人负责。

这些人可以分成不同的群体，我们用角色（role）或演员（actor）来概括这些群体。角色是一个或一群人，他们要求系统提供的东西是一样的，要求系统产生的变化也是一致的。不同的角色会有不同的需求，不同角色要求的变化会给系统带来不一样的影响。这些不同的变化甚至可能相互交叉。

当一个模块需要对多个角色负责时，由这些角色争相要求的变化可能会相互干扰。这种干扰经常会导致系统设计出现缺陷，简单的变化都可能导致系统以意想不到的方式崩溃。

简单的功能变化就导致系统突然表现得不正常，这可能是管理者和客户最害怕出现的情况了。如果这种情况还反复发生，他们只能认为开发人员已经没办法控制系统并且不知道自己在干什么。

违背 SRP 的行为可以简单到在同一个模块内混杂了 GUI 排版和业务规则代码，也可以复杂到在数据库中使用存储过程来实现业务规则。

下面是一个用 Clojure 编写的严重违背 SRP 的示例。我们先看看测试代码，理解一下实现代码的脉络：

⊖ Robert C. Martin, *Agile Software Development: Principles, Patterns, and Practices*(Pearson, 2002).

⊖ Robert C. Martin, *Clean Architecture*(Pearson, 2017).

```clojure
(describe "Order Entry System"
  (context "Parsing Customers"
    (it "parses a valid customer"
      (should=
        {:id "1234567"
         :name "customer name"
         :address "customer address"
         :credit-limit 50000}
        (parse-customer
          ["Customer-id: 1234567"
           "Name: customer name"
           "Address: customer address"
           "Credit Limit: 50000"])))

    (it "parses invalid customer"
      (should= :invalid
               (parse-customer
                 ["Customer-id: X"
                  "Name: customer name"
                  "Address: customer address"
                  "Credit Limit: 50000"]))
      (should= :invalid
               (parse-customer
                 ["Customer-id: 1234567"
                  "Name: "
                  "Address: customer address"
                  "Credit Limit: 50000"]))
      (should= :invalid
               (parse-customer
                 ["Customer-id: 1234567"
                  "Name: customer name"
                  "Address: "
                  "Credit Limit: 50000"]))
      (should= :invalid
               (parse-customer
                 ["Customer-id: 1234567"
                  "Name: customer name"
                  "Address: customer address"
                  "Credit Limit: invalid"])))
    (it "makes sure credit limit is <= 50000"
      (should= :invalid
               (parse-customer
                 ["Customer-id: 1234567"
                  "Name: customer name"
                  "Address: customer address"
                  "Credit Limit: 50001"]))))
```

第一个测试验证的是我们可以把一段文本输入解析成客户记录。客户记录包含四个字段：`id`、`name`、`address` 和 `credit-limit`。后面四个测试检查的是一些语法错误，比如输入文本信息不完整或格式有误。

最后一个测试有点意思。这个测试验证的是一条业务规则。把业务规则的验证放在输入解析里显然违背了 SRP。如果在输入解析代码里检查语法错误，一点问题也没有，但这里不应该检查任何语义错误，因为这些检查所属的领域由不同的角色负责。指定输入格式和指定最高信用额度的角色是不一样的[○]。

如果代码通过了这些测试，问题会更严重：

```
(defn validate-customer
  [{:keys [id name address credit-limit] :as customer}]
  (if (or (nil? id)
          (nil? name)
          (nil? address)
          (nil? credit-limit))
    :invalid
    (let [credit-limit (Integer/parseInt credit-limit)]
      (if (> credit-limit 50000)
        :invalid
        (assoc customer :credit-limit credit-limit)))))

(defn parse-customer [lines]

  (let [[_ id] (re-matches #"^Customer-id: (\d{7})$"
                           (nth lines 0))
        [_ name] (re-matches #"^Name: (.+)$" (nth lines 1))
        [_ address] (re-matches #"^Address: (.+)$" (nth lines 2))
        [_ credit-limit] (re-matches #"^Credit Limit: (\d+)$"
                                     (nth lines 3))]

    (validate-customer
      {:id id
       :name name
       :address address
       :credit-limit credit-limit})))
```

`validate-customer` 函数把语法检查和信用额度不超过 50 000 的语义业务规则混杂在一块了。这段语义检查应该放到另一个模块里，不该和其他语法检查纠缠在一起。

如果这个程序员还很负责地用 `clojure/spec` 动态地定义了 `customer`（客户）的类型，情况就更糟了：

```
(s/def ::id (s/and
              string?
```

○ 即便两个角色背后是同一个人也要区分不同的变化要求。如果出现这种情况，就是一人在分饰两角。

```
                    #(re-matches #"\d+" %)))
(s/def ::name string?)
(s/def ::address string?)
(s/def ::credit-limit (s/and int? #(<= % 50000)))
(s/def ::customer (s/keys :req-un [::id ::name
                                   ::address ::credit-limit]))
```

这个规格正确地约束了 `customer` 的数据结构，没有语法错误，但也把信用额度不得超过 50 000 的语义业务规则的约束强加了进来。

为什么我不放心信用额度约束和数据结构语法混在一起？因为我期望数据结构语法和信用额度约束分别由不同角色指定。我还期望这些不同的角色会在不同的时间出于不同的原因提出变化请求。我不希望语法的变化在无意中破坏业务规则。

当然，这就引出了一个问题：语义验证属于哪个模块？答案是那些可能改变语义验证的角色所负责的模块。例如，如果有一条业务规则规定信用额度不得超过 50 000，那么执行这条业务规则的代码应该和其他所有处理信用额度的代码放在同一个模块中。

把那些变化原因和变化时间都相同的东西放到一起。

把那些变化原因不一样或变化时间不一样的东西分开。

12.2 开闭原则

开闭原则（Open-Closed Principle，OCP）最早是 Bertrand Meyer 于 1988 年在他的经典著作 *Object-Oriented Software Construction* 中提出的。这条原则说的是软件模块应该对扩展开放，但对修改封闭。也就是说，你应该设计出无须修改其代码就可以扩展或改变其行为的模块来。

这听起来可能自相矛盾，但实际上很多时候我们就是这么做的。例如用 C 语言写的这段 `copy` 程序：

```
void copy() {
  int c;
  while ((c = getchar()) != EOF)
    putchar(c);
}
```

这段程序会把字符从 `stdin` 复制到 `stdout`。操作系统随时可以添加新设备（`device`）。例如，我可以给系统加上光学字符识别（Optical Character Recognition，OCR）设备和文本转语音合成器。这段程序仍然会毫无怨言地把字符从 OCR 设备复制到语音合成器，不用修改代码，甚至都不用重新编译。

这种思想非常强大，我们可以把上层策略和底层细节分开，让上层策略不受底层细节变化的影响。但是，这需要上层策略通过一个抽象层来访问底层细节。

在面向对象程序中，我们通常通过多态接口来创建这个抽象层。在 Java、C# 和 C++ 这些静态类型语言中，多态接口是带有抽象方法的类[⊖]。上层策略通过这些接口访问实现或继承了这些接口的底层细节。

在 Python 和 Ruby 这些动态类型的面向对象语言中，多态接口是鸭子类型（duck type）[⊖]。这些语言中没有鸭子类型的特殊语法。一组由上层策略调用、底层细节实现的函数签名就实现了鸭子类型。动态类型系统在运行时会匹配这些签名来确定多态行为如何分派。

有些函数式语言（比如 F# 和 Scala）建立在面向对象语言的基础之上，因此可以利用面向对象语言的多态接口。但函数式语言早就有了另一种创建 OCP 抽象层的机制：函数。

12.2.1 函数

来看下面这段简单的 Clojure 程序：

```
(defn copy [read write]
  (let [c (read)]
    (if (= c :eof)
      nil
      (recur read (write c)))))
```

这段代码和用 C 语言编写的 `copy` 程序基本一样，只是传入的参数变成了读取（`read`）和写入（`write`）两个函数[⊜]。但 OCP 的抽象层完整了。

顺带提一下，我用下面的测试代码对这段程序进行了测试。我想你可能会觉得很有兴趣。

```
(def str-in (atom nil))
(def str-out (atom nil))

(defn str-read []
  (let [c (first @str-in)]
    (if (nil? c)
      :eof
      (do
        (swap! str-in rest)
        c))))

(defn str-write [c]
```

[⊖] Java 和 C# 用 `interface` 关键字来定义只有抽象方法的类。
[⊖] 鸭子类型在程序设计中是动态类型的一种风格。在这种风格中，一个对象有效的语义不是由继承自特定的类或实现特定的接口决定，而是由"当前方法和属性的集合"决定。——译者注
[⊜] 作为参数传递给函数或是作为函数返回值的函数有时被称为高阶函数（higher-order function）。

```
    (swap! str-out str c)
    str-write)

(describe "copy"
  (it "can read and write using str-read and str-write"
    (reset! str-in "abcdef")
    (reset! str-out "")
    (copy str-read str-write)
    (should= "abcdef" @str-out)))
```

因为 I/O 有副作用，并不是纯函数式的，所以我使用了 atom。毕竟，读取输入或写入输出时是在修改它们的状态。因此，底层 I/O 函数不是纯函数式的，使用了 atom 来管理状态的变化。

12.2.2　带虚表的对象

如果你特别留恋面向对象编程，可以采用下面这种技术将"对象"传给 copy：

```
(defn copy [device]
  (let [c ((:getchar device))]
    (if (= c :eof)
      nil
      (do
        ((:putchar device) c)
        (recur device)))))
```

这段代码的测试直接把函数当作设备映射加载：

```
(it "can read and write using str-read and str-write"
   (reset! str-in "abcdef")
   (reset! str-out "")
   (copy {:getchar str-read :putchar str-write})
   (should= "abcdef" @str-out))
```

C++ 程序员一眼就能看出 device 参数不过是一个虚表[⊖]（vtable）——这是 C++ 提供的多态机制。无论如何，copy 程序显然可以定义许多不同的设备。copy 的行为不用修改就可以扩展。

12.2.3　多重方法

还有一种选择是使用多重方法（multi-method）。许多语言（不管是不是函数式的）都会以某种方式支持多重方法。多重方法是鸭子类型的另一种形式，因为这种方式也会创建一组松散的方法，并根据这些方法的签名和参数"类型"[⊖]来动态分派它们。

⊖ 虚表是一个指针数组，其元素是虚函数的指针，每个元素对应一个虚函数的函数指针。——译者注
⊖ 这里的"类型"我加上了引号，因为参数的"类型"和其特定的数据类型没有必然的关联。事实上，这里的"类型"可以是一个完全不同的概念。

在 Clojure 中，我们使用经典的分派函数来指定这些"类型"：
```
(defmulti getchar (fn [device] (:device-type device)))
(defmulti putchar (fn [device c] (:device-type device)))
```
我们看到 `getchar` 和 `putchar` 被声明为了多重方法。它们各有一个分派函数，这个分派函数接受的参数和调用多重方法的参数一样。我们可以修改 `copy` 程序，让它调用这些多重方法：
```
(defn copy [device]
  (let [c (getchar device)]
    (if (= c :eof)
      nil
      (do
        (putchar device c)
        (recur device)))))
```
这个新 `copy` 函数的测试如下。注意，测试用的 `device` 不再是包含函数指针的虚表，取而代之的是输入和输出 `atom`，还有 `:device-type`。多重方法正是根据 `:device-type` 来进行分派的。
```
(it "can read and write using multi-method"
  (let [device {:device-type :test-device
                :input (atom "abcdef")
                :output (atom nil)}]
    (copy device)
    (should= "abcdef" @(:output device))))
```
余下的代码都是多重方法的实现，没什么特别惊艳的地方。
```
(defmethod getchar :test-device [device]
  (let [input (:input device)
        c (first @input)]
    (if (nil? c)
      :eof
      (do
        (swap! input rest)
        c))))

(defmethod putchar :test-device [device c]
  (let [output (:output device)]
    (swap! output str c)))
```
当 `:device-type` 为 `:test-device` 时分派的就是这段实现。显然，可以为各种不同的设备创建很多类似的实现方法。`copy` 程序通过新的设备得到了扩展，不需要进行任何修改。

12.2.4　独立部署

我们希望从 OCP 得到的好处就包括上层策略和底层细节可以在各自的模块中编译

并独立部署。在 Java 和 C# 中，这意味着将它们编译成单独的可以动态加载的 `jar` 或 `dll` 文件。在 C++ 中，我们将模块编译成二进制文件，然后将其放到可以动态加载的共享库中。

前面给出的 Clojure 解决方案还没有做到这一点。上层策略和底层细节还不能从两个独立的 `jar` 文件中动态加载。

和 Java 或 C# 相比，这个问题对 Clojure 没那么重要，因为"加载"一个 Clojure 程序几乎都要编译[○]。虽然上层策略和底层细节可能不是从 `jar` 文件中动态加载的，但它们是从源文件动态编译和加载的。因此，独立部署 `jar` 文件的优点大部分都保留了下来。

然而，如果一定要完全独立的部署能力，还有一个选择。可以使用 Clojure 的协议（protocol）和记录（record）：

```
(defprotocol device
  (getchar [_])
  (putchar [_ c]))
```

协议会变成一个 Java 接口，可以单独编译成 `jar` 文件进行动态加载。同样，协议的实现（如下所示）也可以单独编译加载：

```
(defrecord str-device [in-atom out-atom]
  device
  (getchar [_]
    (let [c (first @in-atom)]
      (if (nil? c)
        :eof
        (do
          (swap! in-atom rest)
          c))))

  (putchar [_ c]
    (swap! out-atom str c)))

(describe "copy"
  (it "can read and write using str-read and str-write"
    (let [device (->str-device (atom "abcdef") (atom nil))]
      (copy device)
      (should= "abcdef" @(:out-atom device)))))
```

注意上面测试中的 `->str-device` 函数。这个函数实际上是实现了 `device` 协议的 `str-device` 类的 Java 构造函数。此外，和前面的例子类似，我在设备中加载了 `atom`。

事实上，没有修改 `copy` 程序这个例子就可以工作。`copy` 程序和多重方法示例中的完全一样。这就是 OCP 的作用！

[○] 有些情况下，Clojure 允许预编译。

Clojure 的协议/记录机制像不像面向对象编程？实际它就是。JVM 是面向对象的基础，Clojure 在这个基础之上如鱼得水。

12.3 里氏替换原则

任何支持 OCP 的语言也必须支持里氏替换原则（Liskov Substitution Principle，LSP）。这两个原则相互关联，只要违背 LSP 就潜在地违背了 OCP。

LSP 最早是 Barbara Liskov 在 1988 年[⊖]总结出来的，她的总结给子类型提供了某种程度的正式定义。本质上，她说的是在任何使用基类型的程序中，子类型必须可以替代基类型。

要搞清楚这个原则，我们先假设有下面这段使用 employee 类型的程序 pay：

```
(defn pay [employee pay-date]
  (let [is-payday? (:is-payday employee)
        calc-pay (:calc-pay employee)
        send-paycheck (:send-paycheck employee)]
    (when (is-payday? pay-date)
      (let [paycheck (calc-pay)]
        (send-paycheck paycheck)))))
```

注意，这里创建类型时用的是虚表。还要注意，类型内的数据对 pay 函数完全隐藏。pay 函数只看得到 employee 类型中的方法。还有什么比这更面向对象吗？

下面是用到了这个类型的测试代码。注意，make-test-employee 函数创建了一个符合 employee 类型要求的鸭子类型对象：

```
(defn test-is-payday [employee-data pay-date]
  true)

(defn test-calc-pay [employee-data]
  (:pay employee-data))

(defn test-send-paycheck [employee-data paycheck]
  (format "Send %d to: %s at: %s"
          paycheck
          (:name employee-data)
          (:address employee-data)))
```

⊖ 巧了，Bertrand Meyer 也是在这一年提出的 OCP。

```
(defn make-test-employee [name address pay]
  (let [employee-data {:name name
                       :address address
                       :pay pay}

        employee {:employee-data employee-data
                  :is-payday (partial test-is-payday
                                      employee-data)
                  :calc-pay (partial test-calc-pay employee-data)
                  :send-paycheck (partial test-send-paycheck
                                          employee-data)}]
    employee))

(describe "Payroll"
  (it "pays a salaried employee"
    (should= "Send 100 to: name at: address"
             (pay (make-test-employee "name" "address" 100)
                  :now))))
```

注意，`make-test-employee` 函数采用指向实现的指针（pointer to implementation，PIMPL）[①]模式来隐藏 `:employee-data` 字段中的数据，只暴露了方法。最后还要注意，所有多态方法的第一个参数都是 `employee-data`。这太面向对象了！但这完全是函数式风格。

现在很清楚了，我可以创建很多不同的 `employee` 对象并将它们传递给 `pay` 函数，而完全不需要修改 `pay` 函数。这就是开闭原则（OCP）。

但我必须非常小心，确保创建的每个 `employee` 对象都符合 `pay` 函数的期望。如果其中一个方法做了 `pay` 期望以外的事情，`pay` 就会出错。

例如，下面这个测试就会失败：

```
(it "does not pay an employee whose payday is not today"
  (should-be-nil
    (pay (make-later-employee "name" "address" 100)
         :now)))
```

这个测试之所以失败是因为 `make-later-employee` 的 `:is-payday` 方法并不符合 `pay` 函数的期望。如下所示，它返回的是 `:tomorrow` 而不是 `false`：

```
(defn make-later-employee [name address pay]
  (let [employee (make-test-employee name address pay)
        is-payday? (partial (fn [_ _] :tomorrow)
                            (:employee-data employee))]
    (assoc employee :is-payday is-payday?)))
```

[①] 将所有数据保存在一个字段背后，确保数据是私有的，参见 https://cpppatterns.com/patterns/pimpl.html。

这违背了 LSP。

假如 pay 函数是你写的，且你需要完成某些员工在错误时间收到工资的调试任务。你发现许多 employee 对象都在使用 :tomorrow 约定，没有像期望的那样返回布尔值。你该怎么办？[一]

你可以修改所有 employee，也可以在 pay 函数里添加一个额外的条件：

```
(defn pay [employee pay-date]
  (let [is-payday? (:is-payday employee)
        calc-pay (:calc-pay employee)
        send-paycheck (:send-paycheck employee)]
    (when (= true (is-payday? pay-date))
      (let [paycheck (calc-pay)]
        (send-paycheck paycheck)))))
```

这很难看[二]，也违背了 OCP，因为我们为了配合底层细节的错误行为修改了上层策略。

12.3.1 ISA 原则

面向对象文献经常使用 ISA（就是"is a"字面上的"是一个"的意思，也按这个英语词组来发音）来说明子类型。上面那种情况用这个术语来描述就是：test-employee ISA（是一个）employee, later-employee ISA（是一个）employee。这样使用术语可能会造成混淆。

首先，later-employee 不是 employee，因为它不符合 pay 函数的期望，而且定义 employee 类型的是 pay 函数以及其他所有操作 employee 的函数。

其次，术语 ISA 可能会造成更深层的误导。我们经常会用古老却经典的正方形/矩形难题来说明这种误导。

假设我们用一个对象来描述矩形（rectangle）。在 Clojure 中，这个对象可能是下面这样的：

```
(defn make-rect [h w]
  {:h h :w w})
```

矩形对象的简单测试可能是下面这样的：

```
(it "calculates proper area after change in size"
  (should= 12 (-> (make-rect 1 1) (set-h 3) (set-w 4) area)))
```

[一] 当然，静态类型语言会解决那个特定的问题。适时地调用 s/valid?，给出适当的规格，都可以解决这个问题。但这不是我们目前正在研究的解决方法。

[二] 仔细想想为什么这样做很难看，是不是很多程序员看到 = true 都会想当然地删除，这样又会让错误暴露出来。（因为 Clojure 中只有 false 和 nil(null) 会被当作逻辑假，其他都是逻辑真，用 = true 确保 is-payday? 返回 true 才会被当作是 payday，返回 :tomorrow 等其他值都不会被当作 payday。——译者注）

我们需要 `set-h`、`set-w` 和 `area` 函数才能让测试通过，如下所示：

```
(defn set-h [rect h]
  (assoc rect :h h))

(defn set-w [rect w]
  (assoc rect :w w))

(defn area [rect]
  (* (:h rect) (:w rect)))
```

这些代码比较常规。矩形对象是不可变对象。`set-h` 和 `set-w` 函数会直接创建参数变化之后的新矩形。

我们进一步扩充一下这个例子，以创建一个使用矩形的小系统。下面是测试代码：

```
(describe "Rectangle"
  (it "calculates proper area and perimeter"
    (should= 25 (area (make-rect 5 5)))
    (should= 18 (perimeter (make-rect 4 5)))
    (should= 12 (-> (make-rect 1 1) (set-h 3) (set-w 4) area)))

  (it "minimally increases area"
    (should= 15 (-> (make-rect 3 4) minimally-increase-area area))
    (should= 24 (-> (make-rect 5 4) minimally-increase-area area))
    (should= 20 (-> (make-rect 4 4) minimally-increase-area area))))
```

下面这个函数通过了测试：

```
(defn perimeter [rect]
  (let [{:keys [h w]}① rect]
    (* 2 (+ h w))))

(defn minimally-increase-area [rect]
  (let [{:keys [h w]} rect]
    (cond
      (>= h w) (make-rect (inc h) w)
      (> w h) (make-rect h (inc w))
      :else :tilt)))
```

这段代码依然没有什么特别之处。`minimally-increase-area` 函数也许有些让人困惑。这个函数把矩形的面积增加了一个最小的整数增量②。

现在，我们假设这个系统已经运行了很多年，而且非常稳定。但最近，这个系统的客

---

① 这段代码把映射解构（destructure）成了带名字的组件。这种情况相当于 `(let [h (:h rect) w (:w rect)]…`。

② 假设矩形的长宽都是整数。

户一直要求让系统支持正方形。如何把对正方形的支持加到系统中？

遵照 ISA 规则，我们可能觉得正方形是矩形，因此接受矩形的函数也要接受正方形。在 Java 中，我们可以从 `Rectangle` 类派生 `Square` 类来实现。在 Clojure 中，我们可以创建长宽相等的矩形来实现：

```
(defn make-square [side]
  (make-rect side side))
```

我们还有一个小问题，`square` 对象的大小和 `rectangle` 对象一样。`square` 类型的对象应该更小，因为高度（`h`）和宽度（`w`）不是全都需要。但内存又不贵，我们想尽量简单一点，没问题吧？

问题是，我们的测试还会不会全都通过？当然应该通过，因为正方形实际上就是矩形（这不就是 ISA 原则吗）。

这些测试全部正常通过：

```
(should= 36 (area (make-square 6)))
(should= 20 (perimeter (make-square 5)))
```

下面这个测试也通过了，但有点难以理解，因为"正方形的特性"在这里消失了：

```
(should= 12 (-> (make-square 1) (set-h 3) (set-w 4) area))
```

`set-h` 和 `set-w` 函数接受正方形时并没有返回正方形。这有点奇怪，但勉强能说得通。我的意思是，如果设置了正方形的高度而不改变宽度，正方形也就不是正方形了，对吧？

现在，如果你仍有困惑，那么应该多注意一下。

对了，`minimally-increase-area` 测试如何了？它通过了吗？

```
(should= 30 (-> (make-square 5) minimally-increase-area area))
```

是的，这个测试也通过了。函数只是根据需要增加高度或宽度，显然可以通过测试。看起来我们已经把对正方形的支持加上了，一切都没问题！

12.3.2　这不对

几天后，客户打来电话，他不是很高兴。他一直在尝试最小限度地增加正方形的面积，但就是不对。

"我试着增加 5×5 正方形的面积，"他抱怨道，"得到的是一个面积为 30 的矩形。但我想得到一个面积为 36 的正方形！"

看来我们猜错了。这违背了 LSP。我们创建了一个子类型，却并不符合使用基类型的函数的预期。`minimally-increase-area` 对基类型的预期是高度和宽度可以分别修改。但客户想要的是正方形，正方形没有这一说。

那我们应该怎么做呢？

我们可以给对象加上一个 :type 字段,在构造函数中把这个字段赋值为 :square 或 :rectangle。当然,我们还要在 minimally-increase-area 函数中增加一条判断这个字段的 if 语句。我们还要修改 set-h 和 set-w,将类型变为 :rectangle。这些改动违背了 OCP(开闭原则),因为违背 LSP 就潜在地违背了 OCP。

其他解决方案我就留给你们作为练习了。你可以尝试使用多重方法(multi-method),也可以尝试使用协议(protocol)和记录(record),还可以尝试使用虚表。你也可以把这两种类型完全分开,这样正方形就永远不会被传给接受矩形的函数了。

12.3.3 代表原则

我更喜欢最后一个解决方案,因为我不大喜欢 ISA 原则。你想想,正方形在几何上确实是矩形,但我代码中的对象并不是真正的矩形或正方形。在代码中,对象是正方形和矩形的代表,它既不是正方形,也不是矩形。这种代表(representative)有下面这样一个特点:

> 事物代表的关系和其所代表的事物本身的关系不一样。

不能因为正方形在几何上是矩形,就认为代码中的正方形对象就是矩形对象。几何上的关系没有办法共享给对象,正方形类型的对象和矩形类型的对象行为不一样。

如果现实世界中两个对象之间看起来明显就是"是一个"(is a)的关系,你可能会想当然地在代码中创建子类型关系。面对这种情况要仔细一点,一不小心就可能违背代表原则和 LSP。

12.4 接口隔离原则

接口隔离原则(Interface Segregation Principle, ISP)的名字来源于静态类型面向对象语言中的接口。我用来说明 ISP 的例子能很好地适用于 Java、C# 和 C++ 这样的语言,因为这些语言都依赖声明的接口。在 Ruby、Python、JavaScript 和 Clojure 这些动态类型语言中,这些例子不是特别适用,因为在这些语言中,接口不用声明,通过鸭子类型就可以做到隔离。

以下面这个 Java 接口为例:

```
interface AtmInteractor {
  void requestAccount();
  void requestAmount();
  void requestPin();
}
```

我们看到三个方法都和 `AtmInteractor` 接口绑定在一起。这样的话，这个接口的任何使用方都要依赖这三个方法，哪怕这个使用方只会调用其中一个方法。于是，使用方依赖的东西比他实际需要的要多。只要其中一个方法的签名发生了变化，或者接口添加了另一个方法，使用方就必须重新编译和重新部署，这使设计不必要地变得脆弱。

我们通过隔离接口来处理这个静态类型面向对象语言的弱点，代码如下：

```
interface AccountInteractor {
  void requestAccount();
}

interface AmountInteractor {
  void requestAmount();
}

interface PinInteractor {
  void requestPin();
}
```

这样每个使用方只会依赖需要调用的方法，而实现类可以一次实现多个接口：

```
public class AtmInteractor implements AccountInteractor,
                                      AmountInteractor,
                                      PinInteractor {
  void requestAccount() {…};
  void requestAmount() {…};
  void requestPin() {…};
}
```

使用图 12-1 中的 UML 图来解释会更清楚一些。接口隔离开以后，三个使用方只依赖各自需要的方法，但这些方法可以由一个类实现。

在 Clojure 中，我们可以使用鸭子类型来解决这个问题：

```
(defmulti request-account :interactor)
(defmulti request-amount :interactor)
(defmulti request-pin :interactor)
```

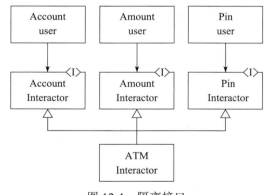

图 12-1　隔离接口

这三个多重方法并没有绑定在同一个声明之下。实际上，它们甚至都不需要放在同一个源文件里。这些多重方法可以放在其功能所属的特定模块中声明。因此，一个多重方法的签名发生了变化或者加了一个新的多重方法，并不会对那些没有变化的多重方法的使用方产生任何影响。如果这些多重方法已经预编译好了，那么重新编译都不需要。

也就是说在 Clojure 这样的动态类型语言中，更容易避免不需要的依赖。但这并不意味着这一原则就不适用了。

12.4.1　不需要就别依赖

说回到名字。"接口隔离原则"中的"接口"这个词不只是和 Java、C# 与 C++ 中的接口类有关。这个词的含义更加广。一个模块的"接口"就是这个模块内所有访问点的清单。

Java 和 C#（还有严格规范的 C++）都是建立在类之上的语言，类和源文件之间有很强的耦合关系。Java 特别要求每个源文件都要用文件中声明的唯一公共类名称来命名。这自动形成了 ISP 想要避免的情况。一组一组的方法耦合在一起放到了一个模块里，而使用方会依赖整个模块，即便它们并不依赖其中的每一个方法。因此，只有设计师小心地处理，使用方才不会依赖不需要的东西。

像 Ruby、Python 和 Clojure 这样的动态类型语言没有这种类和模块之间的约束。你可以随便在哪个源文件里声明任何想声明的东西。只要你想，你都可以把整个应用程序写在一个源文件里！因此，在这些语言中，更容易出现模块使用方依赖不需要的东西的情况。

这不是函数式语言特有的问题。函数式语言也无法完全避免这种情况。设计师一不小心就会污染模块的接口，在里面添加各种各样的访问点，而大多数用户根本不需要这些访问点。

12.4.2　为什么

我们为什么要关心依赖模块的访问点比我们需要的更多？如果我们的模块只用了另一个模块的十个函数中的一个，有什么问题吗？

在静态类型语言中，这样做会付出很高的代价，因为修改不会用到的函数可能会迫使模块重新编译、重新部署。如果我们的模块只是二进制组件（如 jar 文件）内众多模块当中的一个，那么整个组件都得重新部署。认真的设计师都要小心处理这些耦合关系。

在动态类型语言中，这样做代价没那么高，但也不是没有。例如，Clojure 严格要求模块之间的源代码不能存在循环依赖关系。模块包含的函数越多，模块对外部代码以及外部对模块代码的依赖就越多，形成循环依赖的概率也就越大。

但重视这些依赖关系最好的理由是，减少了多余依赖关系的模块结构让人更放心。这说明已经有聪明人在关注分离关注点和降低耦合了。如果你减少了多余依赖关系，别人阅读

⊖　Clojure 允许模块预编译，以提高模块的加载速度。
⊜　但是不推荐这样干。
⊜　我们将在第 17 章中遇到这个问题。Wa-Tor 是由 A. K. Dewdney 设计的一种种群动态模拟，他在 1984 年 12 月 *Scientific American* 杂志上发表了一篇长达 5 页的文章，题为 " Computer Recreations: Sharks and fish wage an ecological war on the toroidal planet Wa-Tor"。文章模拟的 Wa-Tor 行星形状像圆环或甜甜圈，它完全被水覆盖。——译者注

你的代码时会对你感恩戴德。

12.4.3 总结

ISP 的真正含义是：

> 一起使用的东西放在一起。
> 分开使用的东西就要分开。
> 不需要就别依赖。

12.5 依赖倒置原则

可以这样说，在 SOLID 原则中，OCP 是核心，SRP 是组织力量，而 LSP 和 ISP 是围在因粗心而造成的坑四周的警告标志。最后剩下的依赖倒置原则（Dependency Inversion Principle，DIP）就是所有其他原则背后的基础机制。每次发现违背原则的时候，最后的解决方案几乎都会倒置一处或几处关键的依赖关系。

在过去漫长的几十年里，软件始终遵循着一套严格约束的平行依赖结构。源代码的依赖与运行时的依赖是平行的。这种结构如图 12-2 所示。

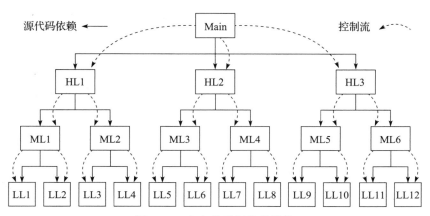

图 12-2 古老的平行依赖结构

虚线箭头是运行时依赖，表示上层（High-Level，HL）模块调用中层（Mid-Level，ML）模块，中层模块再调用底层（Low-Level，LL）模块。实线箭头是源代码依赖，表示每个源代码模块对其调用的模块的依赖。源代码依赖是用 `#include`、`import`、`require` 和 `using` 这样的语句描述的，这些语句包含了模块依赖的下游源代码文件名称。

在远古时，这两种依赖关系总是平行的[一]。如果模块 X 运行时依赖模块 Y，X 的源代码也依赖 Y 的源代码。

这意味着上层策略与底层细节是不可分割的。仔细想想这句话背后的含义。

在 20 世纪 60 年代末，Ole-Johan Dahl 和 Kristen Nygaard 把 ALGOL 编译器中的一个数据结构[二]从栈移动到了堆，然后发现了 OO[三]。因为他们的发现，程序员从此能够轻松安全地倒置依赖关系了。

又过了 25 年，OO 语言变成了主流。但在那之后，几乎所有的程序员都可以不费吹灰之力地打破这种平行的依赖关系。他们的做法如图 12-3 所示。

`HL1` 运行时会依赖 `ML1` 中的 `F()`，但 `HL1` 不依赖 `ML1` 的源代码，既没有直接依赖，也没有间接依赖。它们都依赖接口 `I`[四]。

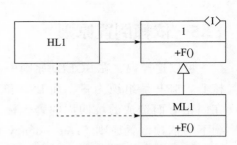

图 12-3　通过插入接口来倒置依赖

这种倒置任意源代码依赖关系的能力给我们带来了无穷的力量。我们可以轻松安全地组织软件的源代码依赖关系，确保上层模块的源代码不依赖底层模块。

这样我们就能够创建出图 12-4 所示的结构。

图 12-4　插件结构

我们看到上层业务规则只有在运行时会依赖于用户界面（User Interface，UI）和数据库，不依赖这些模块的源代码。这样应用 DIP 意味着 UI 和数据库变成了业务规则的插件，很容易替换成不同的实现而不影响业务规则，因此也遵循 OCP。

 ㊀ 嗯，也不总是平行的。在 20 世纪 50 年代末和 60 年代初，操作系统工程师费了九牛二虎之力扭转了一些非常具有战略意义的依赖关系，才建立起了对设备的独立抽象。他们能用的工具只有指向函数的显式指针，所以他们得万般小心。

 ㊁ 这种数据结构就是函数调用的栈帧。他们创造了 Simula 67 语言。

 ㊂ Simula 诞生的历程非常有趣。1972 年，Edsger W. Dijkstra、Ole-Johan Dahl 和 C. A. R. Hoare 合著的 *Structured Programming*（Academic Press）中对其进行了简要介绍，而 Dahl 和 Nygaard 的论文 "The Development of the Simula Languages"（https://hannemyr.com/cache/knojd_acm78.pdf）中介绍得更为详细。

 ㊃ 在动态类型语言中，接口 `I` 没有源代码模块。接口就是 `HL1` 和 `ML1` 遵循的鸭子类型。

当然，UI 和数据库实现了业务规则中的接口。业务规则操作这些接口，允许控制流向外流向 UI 或数据库，同时保持 UI 和数据库的源代码倒过来向内依赖业务规则（见图 12-5）。

注意，所有依赖关系的方向都指向抽象。我们可以换一种方法来解释 DIP：

所有源代码依赖关系都要尽可能指向抽象。

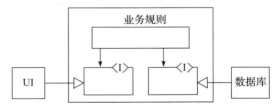

图 12-5　业务规则内的接口促成了插件

12.5.1　回忆杀

理论就讲到这里吧，让我们看看实际的代码。我将借用我的朋友兼导师 Martin Fowler 的一个例子来怀旧。这个录像店（Video Store）①的例子出现在他精彩绝伦的著作 *Refactoring*（Addison-Wesley，1999）。当然，我会用 Clojure 代替 Java 重写这个例子。

这个例子的测试如下：

```
(describe "Video Store"
  (with customer (make-customer "Fred"))

  (it "makes statement for a single new release"
    (should= (str "Rental Record for Fred\n"
             "\tThe Cell\t9.0\n"
             "You owed 9.0\n"
             "You earned 2 frequent renter points\n")
             (make-statement
              (make-rental-order
               @customer
               [(make-rental
                 (make-movie "The Cell" :new-release)
                 3)]))))

  (it "makes statement for two new releases"
    (should= (str "Rental Record for Fred\n"
             "\tThe Cell\t9.0\n"
             "\tThe Tigger Movie\t9.0\n"
             "You owed 18.0\n"
             "You earned 4 frequent renter points\n")
             (make-statement
              (make-rental-order
               @customer
```

---

① 录像"杀死"了收音机，互联网"杀死"了录像。是的，曾几何时，我们会去录像店租录像带和 DVD。

```clojure
              [(make-rental
                 (make-movie "The Cell" :new-release)
                 3)
               (make-rental
                 (make-movie "The Tigger Movie" :new-release)
                 3)]))))

  (it "makes statement for one childrens movie"
    (should= (str "Rental Record for Fred\n"
                  "\tThe Tigger Movie\t1.5\n"
                  "You owed 1.5\n"
                  "You earned 1 frequent renter points\n")
             (make-statement
               (make-rental-order
                 @customer
                 [(make-rental
                    (make-movie "The Tigger Movie" :childrens)
                    3)]))))

  (it "makes statement for several regular movies"
    (should= (str "Rental Record for Fred\n"
                  "\tPlan 9 from Outer Space\t2.0\n"
                  "\t8 1/2\t2.0\n"
                  "\tEraserhead\t3.5\n"
                  "You owed 7.5\n"
                  "You earned 3 frequent renter points\n")
             (make-statement
               (make-rental-order
                 @customer
                 [(make-rental
                    (make-movie "Plan 9 from Outer Space" :regular)
                    1)
                  (make-rental
                    (make-movie "8 1/2", :regular)
                    2)
                  (make-rental
                    (make-movie "Eraserhead" :regular)
                    3)]))))
```

从这些测试中就可以看出这个应用程序的功能。顾客可以租赁录像带一定的天数。租赁的价格和奖励点数显然是根据录像的类型和租赁天数来计算的。录像看起来分为三种类型：`:regular`（常规录像）、`:new-release`（新发布录像）和`:childrens`（儿童录像）。

下面这段代码通过了前面的测试：

```
(defn make-customer [name]
  {:name name})

(defn make-movie [title type]
  {:title title
   :type type})

(defn make-rental [movie days]
  {:movie movie
   :days days})

(defn make-rental-order [customer rentals]
  {:customer customer
   :rentals rentals})

(defn determine-amount [rental]
  (let [{:keys [movie days]} rental
        type (:type movie)]
    (condp = type
      :regular
      (if (> days 2)
        (+ 2.0 (* (- days 2) 1.5))
        2.0)

      :new-release
      (* 3.0 days)

      :childrens
      (if (> days 3)
        (+ 1.5 (* (- days 3) 1.5))
        1.5))))

(defn determine-points [rental]
  (let [{:keys [movie days]} rental
        type (:type movie)]
    (if (and (= type :new-release)
             (> days 1))
      2
      1)))

(defn make-detail [rental]
  (let [title (:title (:movie rental))
        price (determine-amount rental)]
    (format "\t%s\t%.1f" title price)))

(defn make-details [rentals]
```

```
      (map make-detail rentals))

(defn make-footer [rentals]
  (let [owed (reduce + (map determine-amount rentals))
        points (reduce + (map determine-points rentals))]
    (format
      "\nYou owed %.1f\nYou earned %d frequent renter points\n"
      owed points)))

(defn make-statement [rental-order]
  (let [{:keys [name]} (:customer rental-order)
        {:keys [rentals]} rental-order
        header (format "Rental Record for %s\n" name)
        details (string/join "\n" (make-details rentals))
        footer (make-footer rentals)]
    (str header details footer)))
```

如果你读过 *Refactoring* 第 1 版，那么对这段代码应该不陌生。本质上，我们实现的是一个简单的账单生成器，这个生成器可以计算租赁订单的金额并按格式输出账单。

首先应当注意到这些测试严重违背了 SRP。这些测试把业务规则和生成账单并按格式输出的代码耦合在了一起。如果市场部有人决定稍微改动一下账单的格式，所有测试都会失败。

例如，考虑把账单从原来的"Rental Record for"（租赁记录）改成"Rental Statement for"（租赁账单）打头。

违背 SRP 会使测试异常脆弱。我们要把针对账单格式的测试和针对业务规则的测试分开，才能解决这个问题。

于是，我把测试分成三个不同的模块：一个用来测试计算，一个用来测试格式，还有一个用来测试集成。

`statement-calculator` 测试（针对计算的测试）的代码如下。从这里开始，全部 ns 语句[⊖]我都会在代码里完整地写出来，这样大家就可以看到模块及其源代码依赖项的名称。

```
(ns video-store.statement-calculator-spec
  (:require [speclj.core :refer :all]
            [video-store.statement-calculator :refer :all]))

(declare customer)

(describe "Rental Statement Calculation"
  (with customer (make-customer "Fred"))
```

⊖ ns 代表命名空间（namespace）。这些语句通常出现在每个 Clojure 模块的开头，定义模块的名称及其依赖关系。

```clojure
(it "makes statement for a single new release"
  (should= {:customer-name "Fred"
            :movies [{:title "The Cell"
                      :price 9.0}]
            :owed 9.0
            :points 2}
           (make-statement-data
             (make-rental-order
               @customer
               [(make-rental
                  (make-movie "The Cell" :new-release)
                  3)]))))

(it "makes statement for two new releases"
  (should= {:customer-name "Fred",
            :movies [{:title "The Cell", :price 9.0}
                     {:title "The Tigger Movie", :price 9.0}],
            :owed 18.0,
            :points 4}
           (make-statement-data
             (make-rental-order
               @customer
               [(make-rental
                  (make-movie "The Cell" :new-release)
                  3)
                (make-rental
                  (make-movie "The Tigger Movie" :new-release)
                  3)]))))

(it "makes statement for one childrens movie"
  (should= {:customer-name "Fred",
            :movies [{:title "The Tigger Movie", :price 1.5}],
            :owed 1.5,
            :points 1}
           (make-statement-data
             (make-rental-order
               @customer
               [(make-rental
                  (make-movie "The Tigger Movie" :childrens)
                  3)]))))

(it "makes statement for several regular movies"
  (should= {:customer-name "Fred",
            :movies [{:title "Plan 9 from Outer Space",
                      :price 2.0}
```

```
                    {:title "8 1/2", :price 2.0}
                    {:title "Eraserhead", :price 3.5}],
          :owed 7.5,
          :points 3}
         (make-statement-data
           (make-rental-order
             @customer
             [(make-rental
                (make-movie "Plan 9 from Outer Space"
                            :regular)
                1)
              (make-rental
                (make-movie "8 1/2", :regular)
                2)
              (make-rental
                (make-movie "Eraserhead" :regular)
                3)])))))
```

在这些测试中，按格式输出的账单被我们换成了一个包含账单中所有数据的数据结构。这样，我们就可以将格式和计算分开，`statement-calculator` 模块的实现就变成了：

```
(ns video-store.statement-calculator)

(defn make-customer [name]
  {:name name})

(defn make-movie [title type]
  {:title title
   :type type})

(defn make-rental [movie days]
  {:movie movie
   :days days})

(defn make-rental-order [customer rentals]
  {:customer customer
   :rentals rentals})

(defn determine-amount [rental]
  (let [{:keys [movie days]} rental
        type (:type movie)]
    (condp = type
      :regular
      (if (> days 2)
        (+ 2.0 (* (- days 2) 1.5))
        2.0)
```

```
            :new-release
            (* 3.0 days)

            :childrens
            (if (> days 3)
              (+ 1.5 (* (- days 3) 1.5))
              1.5))))

(defn determine-points [rental]
  (let [{:keys [movie days]} rental
        type (:type movie)]
    (if (and (= type :new-release)
             (> days 1))
      2
      1)))

(defn make-statement-data [rental-order]
  (let [{:keys [name]} (:customer rental-order)
        {:keys [rentals]} rental-order]
    {:customer-name name
     :movies (for [rental rentals]
               {:title (:title (:movie rental))
                :price (determine-amount rental)})
     :owed (reduce + (map determine-amount rentals))
     :points (reduce + (map determine-points rentals))}))
```

这个模块相比之前简单了一些，而且封装得很好。注意，ns 语句表明这个模块没有源代码依赖。模块里的代码全都只和账单里数据的计算有关。和账单格式有关的代码一点也没有。

针对账单格式的测试非常简单：

```
(ns video-store.statement-formatter-spec
  (:require [speclj.core :refer :all]
            [video-store.statement-formatter :refer :all]))

(describe "Rental Statement Format"
  (it "Formats a rental statement"
    (should= (str "Rental Record for CUSTOMER\n"
                  "\tMOVIE\t9.9\n"
                  "You owed 100.0\n"
                  "You earned 99 frequent renter points\n")
             (format-rental-statement
               {:customer-name "CUSTOMER"
                :movies [{:title "MOVIE"
                          :price 9.9}]
                :owed 100.0
                :points 99}))))
```

这个测试不言自明。我们只要确保 statement-calculator 模块生成的数据按格式输出就行。实现代码也非常简单：

```clojure
(ns video-store.statement-formatter)

(defn format-rental-statement [statement-data]
  (let [customer-name (:customer-name statement-data)
        movies (:movies statement-data)
        owed (:owed statement-data)
        points (:points statement-data)]
    (str
      (format "Rental Record for %s\n" customer-name)
      (apply str
             (for [movie movies]
               (format "\t%s\t%.1f\n"
                       (:title movie)
                       (:price movie))))
      (format "You owed %.1f\n" owed)
      (format "You earned %d frequent renter points\n" points))))
```

这个模块也封装得很好，没有源代码依赖。

我增加了一个简单的集成测试，确保这两个模块放在一起能正常工作：

```clojure
(ns video-store.integration-specs
  (:require [speclj.core :refer :all]
            [video-store.statement-formatter :refer :all]
            [video-store.statement-calculator :refer :all]))

(describe "Integration Tests"
  (it "formats a statement for several regular movies"
    (should= (str "Rental Record for Fred\n"
             "\tPlan 9 from Outer Space\t2.0\n"
             "\t8 1/2\t2.0\n"
             "\tEraserhead\t3.5\n"
             "You owed 7.5\n"
             "You earned 3 frequent renter points\n")
      (format-rental-statement
        (make-statement-data
          (make-rental-order
            (make-customer "Fred")
            [(make-rental
               (make-movie
                 "Plan 9 from Outer Space" :regular)
               1)
             (make-rental
               (make-movie "8 1/2", :regular)
```

```
 2)
(make-rental
  (make-movie "Eraserhead" :regular)
  3)]))))))
```

这样做更符合单一职责原则（SRP）。如果市场部对账单格式稍做修改，不会通过的只有格式测试和集成测试。所有计算测试都不会失败。就这个例子来说，这可能没什么大不了的。但在真实世界的应用中，测试可能有成千上万个，其作用就大了去了。

我们同样保护了一部分代码免受业务规则变更的影响。如果财务部决定改动价格计算方式，影响的只有计算测试和集成测试，格式测试不会受到影响。

12.5.2 违背依赖倒置原则

当你在因为避免了违背 SRP 而沾沾自喜时，是否发现这些代码还违背了依赖倒置原则（DIP）？你可能没有注意到，因为问题在集成测试中，不在实现代码中。

看一看集成测试中的 `ns` 语句。看到包含 `statement-formatter` 和 `statement-calculator` 的两行代码了吗？这两行代码建立了对这些模块具体实现的源代码依赖。这是上层策略对具体的底层细节的依赖。这明显违背了 DIP。

你可能有些难以理解。测试算什么上层策略？测试不算底层细节吗？测试难道不是最细节的吗？

没错，的确是这样的。但集成测试尤其能代表上层策略。再看一看这个集成测试。集成测试做的和应用程序上层策略做的没什么两样：调用 `make-statement-data` 并将结果传给 `format-rental-statement`。因为这两个函数都是具体的实现，所以我们的上层生产代码和集成测试一样违背了 DIP。

我们需要时刻要关注测试是否违背了 DIP 吗？小心驶得万年船总没错。但强制所有测试都要遵守 DIP 就有些死板了。有的测试和底层实现耦合反而更好。如果你期望测试套件健壮灵活，不想看见因为生产代码的一处小改动就造成上百个测试失败，测试和生产代码之间的耦合就值得特别留意[⊖]。

你可能还有些将信将疑。那我们增加一个新功能试试。有时我们希望在文本终端上显示账单，有时我们又希望在浏览器上显示账单。因此，`format-rental-statement` 需要文本和 HTML 两个版本。

我们还要再增加一个新功能。我们有一部分商店提供"租二送一"的策略，这样租三个录像带，只会收取定价最高的两个的费用。

如果用面向对象（OO）语言来实现增加的功能，我们很可能会创建两个抽象类或接口。我们会抽象出一个包含 `format-rental-statement` 方法的 `StatementFormatter`（抽象类或接口），它有 `TextFormatter` 和 `HTMLFormatter` 两个实现。同样，`StatementPolicy`

⊖ 我在 *Clean Craftsmanship*（Addison-Wesley，2021）中花了很长篇幅来介绍这个主题。

也会被抽象出来，它包含 `make-statement-data` 方法，有 `NormalPolicy` 和 `BuyTwoGet-OneFreePolicy` 两个实现。

使用 12.2 节讨论过的三种方法都可以轻松地模拟出这种设计。我们可以用虚表来构建这两种抽象，也可以使用 `defprotocol` 和 `defrecord` 来构建真正的 Java 接口和实现，最后还可以使用多重方法。

我们来看看多重方法的代码是什么样的。谨记，麻雀虽小，五脏俱全。我在这个小例子里的做法可以反映更大规模的问题应该如何设计和划分。

最后，我把整个系统拆分成了 11 个模块，其中 3 个是测试，如图 12-6 所示。

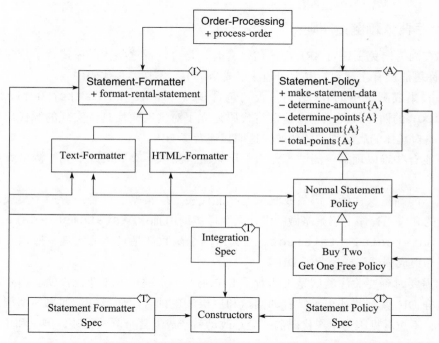

图 12-6　把录像店应用程序拆分成多个模块

图 12-6 看起来很像面向对象解决方案的 UML 图。依赖倒置关系很容易看出来。`order-processing` 模块是最上层的策略，依赖两个抽象。其中 `statement-formatter` 是一个接口，而 `statement-policy` 是一个带有一个已实现方法的抽象类。

如果我用 OO 术语来描述 Clojure 函数式程序的这种方式让你心里有些打鼓，那大可不必。我用到的和 OO 有关的词语都可以在函数式世界中找到直接的对应词。

`statement-formatter` 接口由 `text-formatter` 和 `HTML-formatter` 实现。`statement-policy` 抽象类由 `normal-statement-policy` 实现。`normal-statement-policy` 派生出了 `buy-two-get-one-free-policy` 实现，其中一个方法会被覆写。我们很快就能搞清楚这些"继承"（inheritance）背后的机制。

测试模块在图的底部，用 <T> 标了出来。它们用到了一个名叫 constructors 的公共模块，这个模块知道如何构建基本的数据结构。每个测试还用到了生产代码中的一部分来完成特定的测试。

现在，我们来看看源代码。特别关注一下 ns 语句，留意它们是不是匹配 UML 图上的箭头。

先从 constructors 模块开始，代码的含义一目了然：

```clojure
(ns video-store.constructors)

(defn make-customer [name]
  {:name name})

(defn make-movie [title type]
  {:title title
   :type type})

(defn make-rental [movie days]
  {:movie movie
   :days days})

(defn make-rental-order [customer rentals]
  {:customer customer
   :rentals rentals})
```

constructors 模块的 ns 语句没有声明外部依赖项，这个模块只构建普通的 Clojure 数据结构。

集成测试在 integration-specs 模块中：

```clojure
(ns video-store.integration-specs
  (:require [speclj.core :refer :all]
            [video-store.constructors :refer :all]
            [video-store.text-statement-formatter :refer :all]
            [video-store.normal-statement-policy :refer :all]
            [video-store.order-processing :refer :all]))

(declare rental-order)

(describe "Integration Tests"
  (with rental-order (make-rental-order
                       (make-customer "Fred")
                       [(make-rental
                          (make-movie
                            "Plan 9 from Outer Space"
                            :regular)
```

```
                    1)
                 (make-rental
                   (make-movie "8 1/2", :regular)
                   2)
                 (make-rental
                   (make-movie "Eraserhead" :regular)
                   3)]))
     (it "formats a text statement"
       (should= (str "Rental Record for Fred\n"
                     "\tPlan 9 from Outer Space\t2.0\n"
                     "\t8 1/2\t2.0\n"
                     "\tEraserhead\t3.5\n"
                     "You owed 7.5\n"
                     "You earned 3 frequent renter points\n")
                (process-order
                  (make-normal-policy)
                  (make-text-formatter)
                  @rental-order))))
```

测试代码和之前没有什么变化,只不过 ns 语句声明了所有明确的源代码依赖。这个测试仍然违背了 DIP,但这只是因为集成测试必须调用 make-normal-policy 和 make-text-formatter 模块中相应的构造函数。我本可以用抽象工厂(abstract factory)[⊖]来解除最后这种依赖关系,但对于集成测试来说,似乎有点小题大做了。

剩下的两个测试模块更有针对性。这两个模块只依赖了必要的源代码,这一点特别要注意。

```
(ns video-store.statement-formatter-spec
  (:require [speclj.core :refer :all]
            [video-store.statement-formatter :refer :all]
            [video-store.text-statement-formatter :refer :all]
            [video-store.html-statement-formatter :refer :all]))

(declare statement-data)
(describe "Rental Statement Format"
  (with statement-data {:customer-name "CUSTOMER"
                        :movies [{:title "MOVIE"
                                  :price 9.9}]
                        :owed 100.0
                        :points 99})
  (it "Formats a text rental statement"
    (should= (str "Rental Record for CUSTOMER\n"
                  "\tMOVIE\t9.9\n"
                  "You owed 100.0\n"
```

⊖ 见第 16 章。

```
                      "You earned 99 frequent renter points\n")
                  (format-rental-statement
                    (make-text-formatter)
                    @statement-data
                    )))

    (it "Formats an html rental statement"
      (should= (str
                 "<h1>Rental Record for CUSTOMER</h1>"
                 "<table>"
                 "<tr><td>MOVIE</td><td>9.9</td></tr>"
                 "</table>"
                 "You owed 100.0<br>"
                 "You earned <b>99</b> frequent renter points")
               (format-rental-statement
                 (make-html-formatter)
                 @statement-data))))
```

statement-formatter-spec 测试了两种不同的格式。format-rental-statement 函数的第一个参数指定了格式。make-text-formatter 函数和 make-html-formatter 函数会创建这个参数，这些函数在各自的模块中实现，我们马上就会看到。

最后一个测试模块是 statement-policy-spec：

```
(ns video-store.statement-policy-spec
  (:require
    [speclj.core :refer :all]
    [video-store.constructors :refer :all]
    [video-store.statement-policy :refer :all]
    [video-store.normal-statement-policy :refer :all]
    [video-store.buy-two-get-one-free-policy :refer :all]))

(declare customer normal-policy formatter)
(declare new-release-1 new-release-2 childrens)
(declare regular-1 regular-2 regular-3)

(describe "Rental Statement Calculation"
  (with customer (make-customer "CUSTOMER"))
  (with normal-policy (make-normal-policy))
  (with new-release-1 (make-movie "new release 1" :new-release))
  (with new-release-2 (make-movie "new release 2" :new-release))
  (with childrens (make-movie "childrens" :childrens))
  (with regular-1 (make-movie "regular 1" :regular))
  (with regular-2 (make-movie "regular 2" :regular))
  (with regular-3 (make-movie "regular 3" :regular))
  (context "normal policy"
```

```clojure
(it "makes statement for a single new release"
  (should= {:customer-name "CUSTOMER"
            :movies [{:title "new release 1"
                      :price 9.0}]
            :owed 9.0
            :points 2}
           (make-statement-data
             @normal-policy
             (make-rental-order
               @customer
               [(make-rental @new-release-1 3)]))))

(it "makes statement for two new releases"
  (should= {:customer-name "CUSTOMER",
            :movies [{:title "new release 1", :price 9.0}
                     {:title "new release 2", :price 9.0}],
            :owed 18.0,
            :points 4}
           (make-statement-data
             @normal-policy
             (make-rental-order
               @customer
               [(make-rental @new-release-1 3)
                (make-rental @new-release-2 3)]))))

(it "makes statement for one childrens movie"
  (should= {:customer-name "CUSTOMER",
            :movies [{:title "childrens", :price 1.5}],
            :owed 1.5,
            :points 1}
           (make-statement-data
             @normal-policy
             (make-rental-order
               @customer
               [(make-rental @childrens 3)]))))

(it "makes statement for several regular movies"
  (should= {:customer-name "CUSTOMER",
            :movies [{:title "regular 1", :price 2.0}
                     {:title "regular 2", :price 2.0}
                     {:title "regular 3", :price 3.5}],
            :owed 7.5,
            :points 3}
           (make-statement-data
             @normal-policy
```

```
            (make-rental-order
              @customer
              [(make-rental @regular-1 1)
               (make-rental @regular-2 2)
               (make-rental @regular-3 3)]))))))

(context "Buy two get one free policy"
  (it "makes statement for several regular movies"
    (should= {:customer-name "CUSTOMER",
              :movies [{:title "regular 1", :price 2.0}
                       {:title "regular 2", :price 2.0}
                       {:title "new release 1", :price 3.0}],
              :owed 5.0,
              :points 3}
             (make-statement-data
               (make-buy-two-get-one-free-policy)
               (make-rental-order
                 @customer
                 [(make-rental @regular-1 1)
                  (make-rental @regular-2 1)
                  (make-rental @new-release-1 1)])))))))
```

`statement-policy-spec` 测试了各种定价规则。第一批测试我们前边已经看过了。最后这个测试会检查部分商店提供的 "租二送一" 策略。注意，策略是由 `make-normal-policy` 函数和 `make-buy-two-get-one-free-policy` 函数创建的，然后被传给了 `make-statement-data` 函数。

现在，我们来看看生产代码，从 `order-processing` 模块开始：

```
(ns video-store.order-processing
  (:require [video-store.statement-formatter :refer :all]
            [video-store.statement-policy :refer :all]))

(defn process-order [policy formatter order]
  (->> order
       (make-statement-data policy)
       (format-rental-statement formatter)))
```

这个模块的内容不多。注意，这个模块的源代码依赖只有 `statement-formatter` 接口和 `statement-policy` 抽象（类）。

`stement-formatter` 接口（模块）非常简单：

```
(ns video-store.statement-formatter)

(defmulti format-rental-statement
          (fn [formatter statement-data]
            (:type formatter)))
```

`defmulti` 语句大概相当于在 Java 或 C# 中创建一个抽象方法。这个模块除了一个抽象方法之外什么都没有，基本可以看成一个接口。分派（dispatcher）函数也很简单，只返回格式实现（`formatter`）的 `:type`。

`statement-policy` 抽象类（模块）更有意思一些：

```
(ns video-store.statement-policy)

(defn- policy-movie-dispatch [policy rental]
  [(:type policy) (-> rental :movie :type)])

(defmulti determine-amount policy-movie-dispatch)
(defmulti determine-points policy-movie-dispatch)
(defmulti total-amount (fn [policy _rentals] (:type policy)))
(defmulti total-points (fn [policy _rentals] (:type policy)))

(defn make-statement-data [policy rental-order]
  (let [{:keys [name]} (:customer rental-order)
        {:keys [rentals]} rental-order]
    {:customer-name name
     :movies (for [rental rentals]
               {:title (:title (:movie rental))
                :price (determine-amount policy rental)})
     :owed (total-amount policy rentals)
     :points (total-points policy rentals)}))
```

`statement-policy` 模块有四个抽象方法和一个已实现方法。注意这里模板方法（template method）⊖ 模式的用法。还要注意，`determine-amount` 函数和 `determine-points` 函数使用了元组形式的分派代码，这很有意思。这意味着我们可以根据两个而不是一个自由度来分派这些函数。这一点大多数面向对象语言实现起来很困难。我们很快会看到它的应用。

但我们先来看一下 `text-statement-formatter`（模块）实现：

```
(ns video-store.text-statement-formatter
  (:require [video-store.statement-formatter :refer :all]))

(defn make-text-formatter [] {:type ::text})

(defmethod format-rental-statement
  ::text
  [_formatter statement-data]
  (let [customer-name (:customer-name statement-data)
```

⊖ 见第 17 章。

```
              movies (:movies statement-data)
              owed (:owed statement-data)
              points (:points statement-data)]
    (str
      (format "Rental Record for %s\n" customer-name)
      (apply str
             (for [movie movies]
               (format "\t%s\t%.1f\n"
                 (:title movie)
                 (:price movie))))
      (format "You owed %.1f\n" owed)
      (format "You earned %d frequent renter points\n" points))))
```

代码没有太多惊喜。我只不过是把代码搬了过来，没什么改动。注意最前面的 `make-text-formatter` 函数。

`html-statement-formatter`（模块）也没什么特别的：

```
(ns video-store.html-statement-formatter
  (:require [video-store.statement-formatter :refer :all]))

(defn make-html-formatter [] {:type ::html})

(defmethod format-rental-statement ::html
  [formatter statement-data]
  (let [customer-name (:customer-name statement-data)
        movies (:movies statement-data)
        owed (:owed statement-data)
        points (:points statement-data)]
    (str
      (format "<h1>Rental Record for %s</h1>" customer-name)
      "<table>"
      (apply str
             (for [movie movies]
               (format "<tr><td>%s</td><td>%.1f</td></tr>"
                       (:title movie) (:price movie))))
      "</table>"
      (format "You owed %.1f<br>" owed)
      (format "You earned <b>%d</b> frequent renter points"
              points))))
```

两个策略模块更好玩，我们先来看看 `normal-statement-policy`（模块）：

```
(ns video-store.normal-statement-policy
  (:require [video-store.statement-policy :refer :all]))

(defn make-normal-policy [] {:type ::normal})
```

```
(defmethod determine-amount [::normal :regular] [_policy rental]
  (let [days (:days rental)]
    (if (> days 2)
      (+ 2.0 (* (- days 2) 1.5))
      2.0)))

(defmethod determine-amount
          [::normal :childrens]
          [_policy rental]
  (let [days (:days rental)]
    (if (> days 3)
      (+ 1.5 (* (- days 3) 1.5))
      1.5)))

(defmethod determine-amount
          [::normal :new-release]
          [_policy rental]
  (* 3.0 (:days rental)))

(defmethod determine-points [::normal :regular] [_policy _rental]
  1)

(defmethod determine-points
          [::normal :new-release]
          [_policy rental]
  (if (> (:days rental) 1) 2 1))

(defmethod determine-points
          [::normal :childrens]
          [_policy _rental]
  1)

(defmethod total-amount ::normal [policy rentals]
  (reduce + (map #(determine-amount policy %) rentals)))

(defmethod total-points ::normal [policy rentals]
  (reduce + (map #(determine-points policy %) rentals)))
```

代码看起来和之前不一样了，对吗？仔细看看那些 `defmethod` 语句。我们要根据策略类型和电影类型两个自由度进行分派。这很好地隔离了业务规则。

你可能会担心两个自由度会不会造成 NM 种可能，导致"`determine`"函数的数量太多。马上你就会看到我的解决办法。

注意代码最前面的 `make-normal-policy` 构造函数，我们的测试用到了它。

我们再来看一下 `buy-two-get-one-free-policy` 模块：

```
(ns video-store.buy-two-get-one-free-policy
  (:require [video-store.statement-policy :refer :all]
            [video-store.normal-statement-policy :as normal]))

(derive ::buy-two-get-one-free ::normal/normal)

(defn make-buy-two-get-one-free-policy []
  {:type ::buy-two-get-one-free})

(defmethod total-amount
           ::buy-two-get-one-free
           [policy rentals]
  (let [amounts (map #(determine-amount policy %) rentals)]
    (if (> (count amounts) 2)
      (reduce + (drop 1 (sort amounts)))
      (reduce + amounts))))
```

惊不惊喜，意不意外！看到那条 derive 语句了吗？这就是 Clojure 创建 ISA[⊖]层次结构的方式。这条语句表示 ::buy-two-get-one-free[⊖]策略就是 :normal 策略。多重方法分派机制会根据这个层次结构决定应该分派给哪个 defmethod。

这条语句告诉编译器应该使用 :normal 的实现，除非它被更具体的 ::buy-two-get-one-free 实现覆写了。

这样，我们的模块只需要覆写 total-amount 函数，就可以在租赁三部及以上电影时扣除其中最便宜的电影的费用。

12.5.3 总结

好了，就是这样。我们已经把系统拆分成了 11 个模块。每个模块都封装得很好。我们最重要的源代码依赖倒置了过来，这样上层策略就不会依赖底层细节了。

整体结构看上去和 OO 程序很像，却完全是函数式风格。

⊖ 小心别违反了 LSP！
⊖ 再次强调，不要担心双冒号。它们只是一种给关键字加上命名空间的方法。

第四部分 Part 4

函数式实用主义

- 第 13 章　测试
- 第 14 章　GUI
- 第 15 章　并发性

第 13 章

测 试

本书随处都可以看到我写的单元测试，数量很多。几乎在所有情况下，我都会遵守测试驱动开发[一]的纪律小步迭代地编写测试和代码，先写完测试，过几秒再写代码。

这些测试大部分是使用一个叫作 `speclj`[二] 的框架编写的。这个框架由 Micah Martin 等人编写，和 Ruby 中流行的 RSpec 框架很像。

我已经实践 TDD 二十多年了。我在 Java、C#、C、C++、Ruby、Python、Lua、Clojure 等语言中都实践过。几十年的实践经验告诉我，TDD 纪律和具体的编程语言没有关系。无论使用哪种语言，纪律都是一样的。

Clojure 是一种函数式语言，但这并不会影响我的测试策略，也不会影响我遵循 TDD 纪律。在编写 Clojure 程序时，我总是先写测试，和编写 Java 程序时先写测试没什么不同。编程范式没有影响，纪律是通用的。

13.1 REPL

很多函数式程序员说他们不需要 TDD，因为他们在 REPL 里完成全部测试。我也在 REPL 中做了很多实验，但大多数情况下我还是会把我理解的知识写成测试。钻石恒久远，测试永流传，而在 REPL 中做完的实验隔天早上就会消失。

13.2 Mock

TDD 实践者用 Mock 这种技术把测试和大部分系统隔离开。实际上，他们会创建 Mock 对象[三]来表示这部分系统，用到这部分系统的时候就遵循 LSP，用 Mock 对象替换掉它们。

由于 LSP 被当成面向对象的原则，而且 Mock 对象在面向对象语言中是基于多态接口实现的，因此函数式语言不支持 Mock 的传说讲得有鼻子有眼。

但我们前面已经看到了 LSP 在函数式语言中同样有效，和在面向对象语言中没什么两样，而且在函数式语言中创建多态接口一般来说很容易。因此，在函数式语言中，Mock 可以借助各种能力实现，完全没有阻碍。

以 `more-speech`[四] 应用程序中的一个测试为例，这个测试使用了一些 Mock 对象：

[一] 我在 *Clean Craftsmanship* (Addison-Wesley, 2021)、*Clean Code* (Pearson, 2008) 和 *Agile Software Development: Principles, Patterns, and Practices* (Pearson, 2002) 中花了很多笔墨介绍 TDD 纪律。网络上也能找到大量的信息。Steve Freeman 和 Nat Pryce 合著的 *Growing Object-Oriented Software, Guided by Tests* (Addison-Wesley, 2010) 是这方面最好的书籍之一。

[二] https://github.com/slagyr/speclj

[三] 这些对象正式的名称应该是测试替身（test-double），但这里我会继续使用 Mock 这种更通俗的叫法。

[四] https://github.com/unclebob/more-speech

```
(it "adds an unrooted article id to a tab"
  (let [message-id 1
        messages {message-id {:tags []}}
        event-context (atom {:text-event-map messages})]
    (reset! ui-context {:event-context event-context})
    (with-redefs [swing-util/add-id-to-tab (stub :add-id-to-tab)
                  swing-util/relaunch (stub :relaunch)]
      (add-article-to-tab 1 "tab" nil)
      (should-have-invoked :relaunch)
      (should-have-invoked :add-id-to-tab
                           {:with ["tab" :selected 1]}))))
```

不用太在意这个测试做了什么。只需要看看 `with-redefs` 语句。这个测试使用了命名的 `stub` 来模拟 `swing-util/add-id-to-tab` 和 `swing-util/relaunch` 函数。这些 `stub` 什么操作都不做，它们接受任意数量的参数而且没有返回任何内容[⊖]。但 `stub` 一定会记录它们身上发生了什么[⊖]。在代码最后，我们看到 `:relaunch` 的 `stub` 应该被调用了，而 `:add-id-to-tab` 的 `stub` 应该也被调用了，还接受了三个参数：`"tab"`、`:selected` 和 `1`。

13.3 基于性质的测试

和函数式程序员打交道的时候，总会听到 QuickCheck 和基于性质（property-based）的测试。可惜，这个话题经常被当成反驳 TDD 的论据。我不打算支持或反驳这个论据。但我想给大家展示一下遵循 TDD 纪律进行的基于性质的测试有多么强大。

首先，什么是基于性质的测试？基于性质的测试是一种验证和诊断技术，它用到了随机生成的输入和一套非常强大的缺陷隔离策略。

假设我写好了一个函数来计算给定整数的质因数：

```
(defn factors-of [n]
  (loop [factors [] n n divisor 2]
    (if (> n 1)
      (cond
        (> divisor (Math/sqrt n))
        (conj factors n)
        (= 0 (mod n divisor))
        (recur (conj factors divisor)
               (quot n divisor)
               divisor)
        :else
        (recur factors n (inc divisor)))
      factors)))
```

⊖ 有办法让 `stub` 返回一些值，这不在本书的讨论范围内。如有兴趣，请查阅 `speclj` 文档（https://github.com/slagyr/speclj）。

⊖ 从技术上来讲，这个对象就变成了监听者。

假设我遵循 TDD 写了这个函数。测试如下：
```
(defn power2 [n]
  (apply * (repeat n 2N)))

(describe "factor primes"
  (it "factors 1 -> []"
    (should= [] (factors-of 1)))
  (it "factors 2 -> [2]"
    (should= [2] (factors-of 2)))
  (it "factors 3 -> [3]"
    (should= [3] (factors-of 3)))
  (it "factors 4 -> [2 2]"
    (should= [2 2] (factors-of 4)))
  (it "factors 5 -> [5]"
    (should= [5] (factors-of 5)))
  (it "factors 6 -> [2 3]"
    (should= [2 3] (factors-of 6)))
  (it "factors 7 -> [7]"
    (should= [7] (factors-of 7)))
  (it "factors 8 -> [2 2 2]"
    (should= [2 2 2] (factors-of 8)))
  (it "factors 9 -> [3 3]"
    (should= [3 3] (factors-of 9)))
  (it "factors lots"
    (should= [2 2 3 3 5 7 11 11 13]
             (factors-of (* 2 2 3 3 5 7 11 11 13))))
  (it "factors Euler 3"
    (should= [71 839 1471 6857] (factors-of 600851475143)))

  (it "factors mersenne 2^31-1"
    (should= [2147483647] (factors-of (dec (power2 31))))))
```

很酷吧？但有多确定这个函数真的能用呢？我是说，我怎么知道这个函数不会在某个可怕的角落里意外失败呢？

当然，我可能怎么也做不到完全确定，但我可以做点事情来让自己舒服一些。所有因数的乘积等于输入，这是输出的性质之一。那么，为什么不干脆生成 1000 个随机整数，并确保每个整数的质因数相乘就等于整数本身呢？

我可以这样做：

```
(def gen-inputs (gen/large-integer* {:min 1 :max 1E9}))

(declare n)⊖
```

⊖ 前向声明 n。

```
(describe "properties"
  (it "multiplies out properly"
    (should-be
      :result
      (tc/quick-check
        1000
        (prop/for-all
          [n gen-inputs]
          (let [factors (factors-of n)]
            (= n (reduce * factors))))))))
```

这里我使用的是 Clojure 中基于性质的测试框架 `test.check`[⊖]，它模拟了 QuickCheck 的行为。测试思路很简单。我写了一个叫作 `gen-inputs` 的生成器来生成 1～1 000 000 000 之间的随机整数。这个范围应该足够了。

测试告诉 QuickCheck 运行 1000 次。对于每一次生成的整数，都要先计算出质因数，然后把质因数全部相乘，再确保乘积等于输入。

`tc/quick-check` 函数返回的映射中包含了检查结果。如果所有检查都通过了，这个映射中的 `:result` 元素将为 `true`，`should-be :result` 就是对结果的断言。

质因数还有另一个性质：它们都是质数。所以我们得写一个函数来测试它们是否为质数：

```
(defn is-prime? [n]
  (if (= 2 n)
    true
    (loop [candidates (range 2 (inc (Math/sqrt n)))]
      (if (empty? candidates)
        true
        (if (zero? (rem n (first candidates)))
          false
          (recur (rest candidates)))))))
```

这个算法是相当传统的，效率低到令人发指。先不管效率怎样，我们可以用它写出检查所有因数是不是质数的性质测试：

```
(describe "factors"
  (it "they are all prime"
    (should-be
      :result
      (tc/quick-check
        1000
        (prop/for-all
          [n gen-inputs]
```

[⊖] https://clojure.org/guides/test_check_beginner

```
(let [factors (factors-of n)]
  (every? is-prime? factors))))))))
```

好了。现在我们知道了,这个函数会返回一个整数列表,其中的每个整数都是质数,而且所有整数相乘的积等于输入。这就是质因数的定义。

这样挺好的。我可以随机生成一堆输入,然后检查输出的性质。

13.4　诊断技术

但我前面还提到,基于性质的测试也是一种诊断技术,还记得吗?我们来看一个更有趣的例子,我将用这个例子向大家展示这句话的含义。

还记得第 12 章中录像店的例子吗?我们来对这个例子做基于性质的测试。

首先,回忆一下我们写过的 `make-statement-data` 函数,这个函数接受一个 `policy` 和一个 `rental-order`,生成 `statement-data`,然后将其传给某个格式化程序。这是用到了 `clojure.spec` 的 `rental-order` 类型规格:

```
(s/def ::name string?)
(s/def ::customer (s/keys :req-un [name]))
(s/def ::title string?)
(s/def ::type #{:regular :childrens :new-release})
(s/def ::movie (s/keys :req-un [::title ::type]))
(s/def ::days pos-int?)
(s/def ::rental (s/keys :req-un [::days ::movie]))
(s/def ::rentals (s/coll-of ::rental))
(s/def ::rental-order (s/keys :req-un [::customer ::rentals]))
```

这并不难理解,从下往上依次是:

- `:rental-order` 是一个映射,包含 `:customer` 和 `:rentals` 两个元素。
- `:rentals` 是 `:rental` 项的集合。
- `:rental` 是一个映射,包含 `:days` 和 `:movie` 两个元素。
- `:days` 元素是一个正整数。
- `:movie` 是一个映射,包含 `:title` 和 `:type` 两个元素。
- `:type` 是 `:regular`、`:childrens` 以及 `:new-release` 中的一个。
- `:title` 是一个字符串。
- `:customer` 是一个映射,包含一个 `:name` 元素。
- `:name` 是一个字符串。

有了类型规格,我们就可以编写一个生成器来生成符合类型要求的租赁订单。先来看看生成器:

```clojure
(def gen-customer-name
  (gen/such-that not-empty gen/string-alphanumeric))

(def gen-customer
  (gen/fmap (fn [name] {:name name}) gen-customer-name))

(def gen-days (gen/elements (range 1 100)))

(def gen-movie-type
  (gen/elements [:regular :childrens :new-release]))

(def gen-movie
  (gen/fmap (fn [[title type]] {:title title :type type})
            (gen/tuple gen/string-alphanumeric gen-movie-type)))

(def gen-rental
  (gen/fmap (fn [[movie days]] {:movie movie :days days})
            (gen/tuple gen-movie gen-days)))

(def gen-rentals
  (gen/such-that not-empty (gen/vector gen-rental)))

(def gen-rental-order
  (gen/fmap (fn [[customer rentals]]
              {:customer customer :rentals rentals})
            (gen/tuple gen-customer gen-rentals)))

(def gen-policy (gen/elements
                  [(make-normal-policy)
                   (make-buy-two-get-one-free-policy)]))
```

我不打算展开 `clojure.check` 的细节，但会简要介绍这些生成器的作用。

- `gen-policy` 随机选择两种策略中的一种。
- `gen-rental-order` 用 `gen-customer` 和 `gen-rentals` 创建映射。
- `gen-rentals` 用 `gen-rental` 创建一个非空的向量。
- `gen-rental` 用 `gen-movie` 和 `gen-days` 创建映射。
- `gen-movie` 用 `gen/string-alphanumeric` 和 `gen-movie-type` 创建映射。
- `gen-movie-type` 选择三种类型中的一种。
- `gen-days` 在 1 ～ 100 之间选择整数。
- `gen-customer` 用 `gen-customer-name` 创建包含名字的映射。
- `gen-customer-name` 生成一个包含字母数字的非空字符串。

类型规格和生成器有点莫名的相似，你发现了吗？我也有这种感觉。下面是一些生成器的输出样例：

```
[
 {:customer {:name "5Q"},
  :rentals [{:movie {:title "", :type :new-release}, :days 52}]}

 {:customer {:name "3"},
  :rentals [{:movie {:title "", :type :new-release}, :days 51}]}

 {:customer {:name "XA"},
  :rentals [{:movie {:title "r", :type :regular}, :days 82}
            {:movie {:title "", :type :childrens}, :days 60}]}

 {:customer {:name "4v"},
  :rentals [{:movie {:title "3", :type :childrens}, :days 29}]}

 {:customer {:name "0rT"},
  :rentals [{:movie {:title "", :type :regular}, :days 42}
            {:movie {:title "94Y", :type :regular}, :days 34}
            {:movie {:title "D5", :type :new-release},
                    :days 58}]}

 {:customer {:name "ZFAK"},
  :rentals [{:movie {:title "H8", :type :regular}, :days 92}
            {:movie {:title "d6WS8", :type :regular}, :days 59}
            {:movie {:title "d", :type :regular}, :days 53}
            {:movie {:title "Yj8b7", :type :regular}, :days 58}
            {:movie {:title "Z2q70", :type :childrens},
                    :days 9}]}

 {:customer {:name "njGB0h"},
  :rentals [{:movie {:title "zk3UaE", :type :regular},
                    :days 53}]}

 {:customer {:name "wD"},
  :rentals [{:movie {:title "51L", :type :childrens},
                    :days 17}]}

 {:customer {:name "2J5nzN"},
  :rentals [{:movie {:title "", :type :regular}, :days 64}
            {:movie {:title "sA17jv", :type :regular}, :days 85}
            {:movie {:title "27E41n", :type :new-release},
                    :days 85}
            {:movie {:title "Z20", :type :new-release}, :days 68}
            {:movie {:title "8j5B7h6S", :type :regular},
                    :days 76}
            {:movie {:title "vg", :type :childrens}, :days 30}]}
```

```
    {:customer {:name "wk"},
     :rentals [{:movie {:title "Kq6wbGG", :type :childrens},
                :days 43}
               {:movie {:title "3S2DvUwv", :type :childrens},
                :days 76}
               {:movie {:title "fdGW", :type :childrens}, :days 42}
               {:movie {:title "aS28X3P", :type :childrens},
                :days 18}
               {:movie {:title "p", :type :childrens}, :days 83}
               {:movie {:title "xgC", :type :regular}, :days 84}
               {:movie {:title "CQoY", :type :childrens}, :days 23}
               {:movie {:title "38jWmKlhq", :type :regular},
                :days 96}
               {:movie {:title "Liz8T", :type :regular}, :days 56}]}
]
```

就是一堆完全符合 rental-order 类型要求的随机数据。但我们还是检查一下：

```
(describe "Quick check statement policy"
  (it "generates valid rental orders"
    (should-be
      :result
      (tc/quick-check
        100
        (prop/for-all
          [rental-order gen-rental-order]
          (nil?
            (s/explain-data
              ::constructors/rental-order
              rental-order))))))
```

这个小巧的 quick-check 还不错，它随机生成了 100 个 rental-order 对象并交给 clojure.spec/explain-data 函数来执行。这个函数会确认每个租赁订单是否符合我们前面看到的 ::constructors/rental-order 规格。符合要求就返回 nil，quick-check 就通过了。

现在，make-statement-data 创建的 statement-data 对象符合要求吗？我们使用同样的策略检查一下：

```
(s/def ::customer-name string?)
(s/def ::title string?)
(s/def ::price pos?)
(s/def ::movie (s/keys :req-un [::title ::price]))
(s/def ::movies (s/coll-of ::movie))
(s/def ::owed pos?)
(s/def ::points pos-int?)
```

```clojure
(s/def ::statement-data (s/keys :req-un [::customer-name
                                         ::movies
                                         ::owed
                                         ::points]))

(it "produces valid statement data"
  (should-be
    :result
    (tc/quick-check
      100
      (prop/for-all
        [rental-order gen-rental-order
         policy gen-policy]
        (nil?
          (s/explain-data
            ::policy/statement-data
            (make-statement-data policy rental-order)))))))
```

这里我们看到了 `clojure.spec` 针对 `statement-data` 的规格，以及确保 `make-statement-data` 的输出符合这个规格的 `quick-check`。

这些测试全都通过了，我们可以非常确定生成器生成的租赁订单都是符合要求的。现在，我们继续来检查其他性质。

有一个我们可以检查的性质是，`make-statement-data` 把 `rental-order` 转换成 `statement-data` 后，`statement-data` 对象中的成员 `:owed` 是否为该对象中所有录像租赁价格之和。

这个性质测试的 `quick-check` 实现如下：

```clojure
(it "statement data totals are consistent under all policies"
  (should-be
    :result
    (tc/quick-check
      100
      (prop/for-all
        [rental-order gen-rental-order
         policy gen-policy]
        (let [statement-data (make-statement-data
                               policy rental-order)
              prices (map :price (:movies statement-data))
              owed (:owed statement-data)]
          (= owed (reduce + prices)))))))
```

这个 `quick-check` 有个错误，你发现了吗？

以下是运行这个 `quick-check` 的输出：

```
{:shrunk
 {:total-nodes-visited 45,
  :depth 14,
  :pass? false,
  :result false,
  :result-data nil,
  :time-shrinking-ms 3,
  :smallest
   [{:customer {:name "0"},
     :rentals [{:movie {:title "", :type :regular}, :days 1}
               {:movie {:title "", :type :regular}, :days 1}
               {:movie {:title "", :type :regular}, :days 1}]}
    {:type
     :video-store.
       buy-two-get-one-free-policy/buy-two-get-one-free}]},
 :failed-after-ms 0,
 :num-tests 7,
 :seed 1672092997135,
 :fail
  [{:customer {:name "4s7u"},
    :rentals
    [{:movie {:title "i7jiVAd", :type :childrens}, :days 85}
     {:movie {:title "7MQM", :type :new-release}, :days 26}
     {:movie {:title "qlS4S", :type :new-release}, :days 99}
     {:movie {:title "X", :type :regular}, :days 87}
     {:movie {:title "w1cRbM", :type :regular}, :days 11}
     {:movie {:title "7Hb41O5", :type :regular}, :days 63}
     {:movie {:title "xWc", :type :childrens}, :days 41}]}
   {:type
    :video-store.
      buy-two-get-one-free-policy/buy-two-get-one-free}],
 :result false,
 :result-data nil,
 :failing-size 6,
 :pass? false}
```

我知道这些输出不好理解，但这也是 `quick-check` 真正神奇的地方，请耐心往下看。

首先，你注意到最前面的 `:shrunk` 元素了吗？这是搞清楚检查中发生了什么的重要线索。当 `quick-check` 发现出错时，就开始不断缩小导致错误发生的随机生成输入，锁定最小的那个。

再来看一下 `:fail` 元素，这是最先导致失败的 `rental-order`。接着看一下 `:shrunk` 元素中的 `:smallest` 元素。`quick-check` 函数在不断的失败尝试中逐渐缩小 `rental-order` 的范围。这是它找到的导致失败的 `rental-order` 的最小范围。

失败的原因是什么？注意这个订单有三部电影，还要注意 `buy-two-get-one-free`

策略。当然，如果策略是"租二送一"，电影的租赁价格之和就不等于 :owed 元素了。

这种缩小导致错误的输入范围的机制把基于性质的测试变成了一种诊断技术。

13.5 函数式

为什么面向对象语言对 quick-check 这样的工具不怎么感冒呢？也许是因为它们还是最适合纯函数吧。我估计在可变系统中搭建生成器进行性质测试是可行的，但是做起来要比在不可变系统中复杂得多。

第14章
GUI

多年以来，我在进行函数式编程时使用了两种不同的 GUI 框架。第一个是 Quil[一]，它是基于流行的 Java 框架 Processing[二]的；第二个是 SeeSaw[三]，它是基于旧的 Java Swing 框架的。

Quil 是"函数式的"，这使得用它进行"函数式"编程既有趣又容易。而 SeeSaw 根本就不是函数式的。事实上，它非常依赖必须不断更新的可变状态。这使得在用它进行函数式编程时让人非常痛苦。两者之间的差异令人震惊。

我使用 Quil 编写的第一个程序是 `spacewar`。本书多次提到过这一点。如果想看看这个程序运行的样子，可以访问 https://github.com/unclebob/spacewar，那里有一个可以在浏览器中运行的 ClojureScript 版本。这个版本不是我写的，是 Mike Fikes 用了一天左右的时间将我的 Clojure 程序移植过去的。这个程序在浏览器中运行的实际效果比在我的笔记本计算机上的原生 Clojure 中要更好。

用 Quil 进行海龟绘图

深入讲解 `spacewar` 的源代码超出了这本书的讨论范围。但是，我前不久编写了一个更简单的 Quil 程序。它的规模恰到好处。这就是 `turtle-graphics`[四]。

海龟绘图是 20 世纪 60 年代末为 Logo 语言发明的一组简单命令。这些命令可以控制一个名为 turtle（海龟）的机器人。机器人面对一张大纸，拿着一支可以在纸上移动的笔。程序告诉机器人画笔前进或后退的距离，或者告诉它向左或向右转动的角度。

图 14-1 是发明者 Seymour Papert 和他的一个海龟机器人的照片。

例如，如果想画一个正方形，就可以发出以下命令：

```
Pen down
Forward 10
Right 90
Forward 10
Right 90
Forward 10
Right 90
Forward 10
Pen up.
```

海龟绘图最初的想法是通过向孩子们展示如何控制海龟来绘制有趣的形状，来

图 14-1　Seymour Papert 和他的一个海龟机器人[五]

[一]　www.quil.info
[二]　https://processing.org
[三]　https://github.com/clj-commons/seesaw
[四]　https://github.com/unclebob/turtle-graphics
[五]　照片由麻省理工学院博物馆提供。

向他们介绍编程。虽然不知道这对孩子们来说效果如何，但事实证明，对于想在屏幕上绘制复杂设计效果的程序员来说，这非常有用。我曾经在 Commodore 64 计算机○上使用带有海龟绘图功能的 Logo 系统编写了一个相当复杂的月球着陆者游戏。

不久前，我想在 Clojure 中构建一个海龟绘图系统，这样我就可以轻松地研究一些有趣的数学和几何难题了。

我的目标不是创建一个可以输入命令的海龟绘图控制台，而是希望有一个可以用来在 Clojure 中编写绘图函数的海龟绘图 API。

例如，我想写一个这样的程序：

```
(defn polygon [theta, len, n]
  (pen-down)
  (speed 1000)
  (dotimes [_ n]
    (forward len)
    (right theta)))

(defn turtle-script []
  (polygon 144 400 5))
```

这个程序能绘制图 14-2 所示的图形（注意小海龟正坐在星星的左顶点上）。

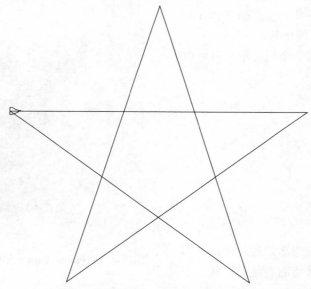

图 14-2　使用海龟绘图系统绘制的星星

○ Commodore 64 是 Commodore International 公司于 1982 年 1 月推出的一款 8 位家用计算机。它因具有卓越的视频和音频效果，销售了约 1500 万台，成为有史以来销量最高的单一计算机型号，被列入吉尼斯世界纪录。——译者注

turtle-script 函数是 turtle-graphics 系统的入口点，我们可将绘图命令放入其中。在本例中，我将对 polygon 函数的调用放入其中。

也许有人已经注意到，polygon 函数并不是函数式的，因为它并未根据输入产生返回值。相反，它具有一个副作用，就是在屏幕上绘图。此外，每个命令都改变了海龟的状态。因此，turtle-graphics 程序不是函数式的。

但话又说回来，turtle-graphics 框架是"函数式的"。或者更准确地说，它达到了 GUI 程序所能达到的函数式的高度[一]。毕竟，GUI 程序的目的就是改变屏幕的状态。

构建 turtle-graphics 框架首先要做的是配置和调用 Quil：

```
(defn ^:export -main [& args]
  (q/defsketch turtle-graphics
               :title "Turtle Graphics"
               :size [1000 1000]
               :setup setup
               :update update-state
               :draw draw-state
               :features [:keep-on-top]
               :middleware [m/fun-mode])
  args)
```

虽然本书无意提供 Quil 的完整教程，但有几点应该指出。注意 :setup、:update 和 :draw 元素。每一个都指向一个函数。

程序启动时会调用一次 setup 函数。

程序每秒调用 60 次 draw-state 函数以刷新屏幕。要在屏幕上显示的所有内容都必须由 draw 函数绘制。屏幕记不住任何东西。

程序会在调用 draw-state 函数之前，先调用 update-state 函数。update-state 函数用于更改正在绘制的内容的状态。可以这样想象，这个函数将屏幕上的所有元素向未来移动 1/60 秒。

可以将这个函数视为一个非常简单的循环：

```
(loop [state (setup)]
  (draw-state state)
  (recur (update-state state)))
```

如果将这个函数视为尾递归循环，那么屏幕的内容就是尾递归值。因此，即使函数正在修改屏幕的内容，这也是在递归的尾部进行的。这样的修改是无害的[二]，虽然不是纯函数式，但这个函数达到了任何 TCO[三] 系统所具备的"函数式"。

这是 setup 函数：

[一] 这篇文章很有趣：https://fsharpforfunandprofit.com/posts/13-ways-of-looking-at-a-turtle/。
[二] 大部分是无害的。
[三] 请记住第 1 章关于尾调用优化的讨论。

```
(defn setup []
  (q/frame-rate 60)
  (q/color-mode :rgb)
  (let [state {:turtle (turtle/make)
               :channel channel}]
    (async/go
      (turtle-script)
      (prn "Turtle script complete"))
    state))
```

这个函数非常简单。它将帧速率设置为 60 帧/秒，将颜色模式设置为 RGB，并创建 `state` 对象。程序会将 `state` 对象传递给 `update-state` 和 `draw-state` 函数。

`async/go` 函数会启动一个新的轻量级线程，而 `turtle-script` 会在这个线程中执行。

`state` 对象包含了 `channel` 对象和 `turtle` 对象。我们稍后会讨论 `channel`。目前先看 `turtle` 对象：

```
(s/def ::position (s/tuple number? number?))
(s/def ::heading (s/and number? #(<= 0 % 360)))
(s/def ::velocity number?)
(s/def ::distance number?)
(s/def ::omega number?)
(s/def ::angle number?)
(s/def ::weight (s/and pos? number?))
(s/def ::state #{:idle :busy})
(s/def ::pen #{:up :down})
(s/def ::pen-start (s/or :nil nil?
                         :pos (s/tuple number? number?)))
(s/def ::line-start (s/tuple number? number?))
(s/def ::line-end (s/tuple number? number?))
(s/def ::line (s/keys :req-un [::line-start ::line-end]))
(s/def ::lines (s/coll-of ::line))
(s/def ::visible boolean?)
(s/def ::speed (s/and int? pos?))
(s/def ::turtle (s/keys :req-un [::position
                                 ::heading
                                 ::velocity
                                 ::distance
                                 ::omega
                                 ::angle
                                 ::pen
                                 ::weight
                                 ::speed
                                 ::lines
                                 ::visible
```

```
                        ::state]
              :opt-un [::pen-start]))

(defn make []
  {:post [(s/assert ::turtle %)]}
  {:position [0.0 0.0]
   :heading 0.0
   :velocity 0.0
   :distance 0.0
   :omega 0.0
   :angle 0.0
   :pen :up
   :weight 1
   :speed 5
   :visible true
   :lines []
   :state :idle})
```

上面的代码先是定义了 turtle 对象的类型规格，然后定义了这个对象的构造函数。注意，构造函数用 :post 条件检查对象的类型[⊖]。turtle 对象的元素大部分都是不言自明的。这些元素包括 XY 位置、角度转向（heading）、速度、笔向上离开纸面/向下落在纸面的状态、笔画的粗细、可见性状态等。其他元素很快也会讨论。

如何进行海龟绘图？

```
(defn draw-state [state]
  (q/background 240)
  (q/with-translation
    [500 500]
    (let [{:keys [turtle]} state]
      (turtle/draw turtle))))

—Turtle module—

(defn draw [turtle]
  (when (= :down (:pen turtle))
    (q/stroke 0)
    (q/stroke-weight (:weight turtle))
    (q/line (:pen-start turtle) (:position turtle)))

  (doseq [line (:lines turtle)]
    (q/stroke-weight (:line-weight line))
```

⊖ Clojure 中的 :post（后置）条件用于在函数执行后判断某些条件是否满足。在本例中，后置条件使用 clojure.spec 来断言 make 函数创建的映射符合 ::turtle 规格。这意味着创建 turtle 对象后，后置条件会进行检查，以确保新对象遵守之前所定义的规格。——译者注

```
          (q/line (:line-start line) (:line-end line))))

      (when (:visible turtle)
        (q/stroke-weight 1)
        (let [[x y] (:position turtle)
              heading (q/radians (:heading turtle))
              base-left (- (/ WIDTH 2))
              base-right (/ WIDTH 2)
              tip HEIGHT]
          (q/stroke 0)
          (q/with-translation
            [x y]
          (q/with-rotation
            [heading]
            (q/line 0 base-left 0 base-right)
            (q/line 0 base-left tip 0)
            (q/line 0 base-right tip 0)))))))
```

Quil 工具每秒调用 `draw-state` 函数 60 次。它将屏幕的背景颜色设置为浅灰色，将绘图中心定位在 (500, 500)，然后调用 `turtle/draw`，绘制当前线条，再绘制以前绘制的所有其他线条。最后，Quil 工具绘制海龟本身。注意 Quil 如何进行坐标位置的翻译（translation）和笔的转向（rotation）。

接下来看看如何更新海龟的状态。

```
(defn update-state [{:keys [channel] :as state}]
  (let [turtle (:turtle state)
        turtle (turtle/update-turtle turtle)]
    (assoc state :turtle (handle-commands channel turtle))))
```

`update-state` 函数首先调用 `turtle/update-turtle`，然后调用 `handle-commands`。此时，又出现了那个 channel。先看 `update-turtle` 函数：

```
(defn update-position
  [{:keys [position velocity heading distance] :as turtle}]
  (let [step (min (q/abs velocity) distance)
        distance (- distance step)
        step (if (neg? velocity) (- step) step)
        radians (q/radians heading)
        [x y] position
        vx (* step (Math/cos radians))
        vy (* step (Math/sin radians))
        position [(+ x vx) (+ y vy)]]
    (assoc turtle :position position
                  :distance distance
                  :velocity (if (zero? distance) 0.0 velocity))))
```

```
(defn update-heading [{:keys [heading omega angle] :as turtle}]
  (let [angle-step (min (q/abs omega) angle)
        angle (- angle angle-step)
        angle-step (if (neg? omega) (- angle-step) angle-step)
        heading (mod (+ heading angle-step) 360)]
    (assoc turtle :heading heading
                  :angle angle
                  :omega (if (zero? angle) 0.0 omega))))

(defn make-line [{:keys [pen-start position weight]}]
  {:line-start pen-start
   :line-end position
   :line-weight weight})

(defn update-turtle [turtle]
  {:post [(s/assert ::turtle %)]}
  (if (= :idle (:state turtle))
    turtle
    (let [{:keys [distance
                  state
                  angle
                  lines
                  position
                  pen
                  pen-start] :as turtle}
          (-> turtle
              (update-position)
              (update-heading))
          done? (and (zero? distance)
                     (zero? angle))
          state (if done? :idle state)
          lines (if (and done? (= pen :down))
                  (conj lines (make-line turtle))
                  lines)
          pen-start (if (and done? (= pen :down))
                      position
                      pen-start)]
      (assoc turtle
             :state state
             :lines lines
             :pen-start pen-start))))
```

注意，update-turtle 函数有一个 :post 条件，它检查更新后 turtle 的类型。当更新一个大型结构时，如能了解其间并未弄乱这个结构的某些小部分，是很好的事情。

如果 turtle 的 :state 是 :idle，即它既不移动也不转向，那么程序不做任何更改。否则，就要更新 `turtle` 的位置和转向，然后解构其内部结构。当海龟目前的动作中所剩余的距离和角度降为零时，就完成了这个动作。动作完成后就可将 `:state` 设置为 `:idle`。

如果动作完成，且笔是落在纸面上的，那么就可以将刚画好的线条添加到以前的线条列表中，并将笔的起点更新为当前位置，以准备画下一条线。

更新位置和转向对应简单的函数，它们执行必要的三角计算，以将海龟放在适当的位置和方向上。它们都使用海龟的 `:velocity` 来调整每次更新时的步长。

现在来处理命令：

```
(defn handle-commands [channel turtle]
  (loop [turtle turtle]
    (let [command (if (= :idle (:state turtle))
                    (async/poll! channel)
                    nil)]
      (if (nil? command)
        turtle
        (recur (turtle/handle-command turtle command))))))
```

如果海龟处于 `:idle` 状态，那么就准备好接受命令了。此时可以轮询 `channel`。如果 `channel` 上有命令，就可以通过调用 `turtle/handle-command` 来处理它。之后，重复这个过程，直到 `channel` 上没有命令为止。

每个命令的处理都很直截了当：

```
(defn pen-down [{:keys [pen position pen-start] :as turtle}]
  (assoc turtle :pen :down
                :pen-start (if (= :up pen) position pen-start)))

(defn pen-up [{:keys [pen lines] :as turtle}]
  (if (= :up pen)
    turtle
    (let [new-line (make-line turtle)
          lines (conj lines new-line)]
      (assoc turtle :pen :up
                    :pen-start nil
                    :lines lines))))

(defn forward [turtle [distance]]
  (assoc turtle :velocity (:speed turtle)
                :distance distance
                :state :busy))

(defn back [turtle [distance]]
  (assoc turtle :velocity (- (:speed turtle))
                :distance distance
```

```
              :state :busy))

(defn right [turtle [angle]]
  (assoc turtle :omega (* 2 (:speed turtle))
                :angle angle
                :state :busy))

(defn left [turtle [angle]]
  (assoc turtle :omega (* -2 (:speed turtle))
                :angle angle
                :state :busy))

(defn hide [turtle]
  (assoc turtle :visible false))

(defn show [turtle]
  (assoc turtle :visible true))

(defn weight [turtle [weight]]
  (assoc turtle :weight weight))

(defn speed [turtle [speed]]
  (assoc turtle :speed speed))

(defn handle-command [turtle [cmd & args]]
  (condp = cmd
    :forward (forward turtle args)
    :back (back turtle args)
    :right (right turtle args)
    :left (left turtle args)
    :pen-down (pen-down turtle)
    :pen-up (pen-up turtle)
    :hide (hide turtle)
    :show (show turtle)
    :weight (weight turtle args)
    :speed (speed turtle args)
    :else turtle))
```

程序只是简单地将命令令牌（token）转换为函数调用。这真不算什么高科技。命令函数管理海龟的状态。以 `forward` 命令为例，它将 `turtle` 的 `:state` 设置为 `:busy`，设置 `turtle` 的 `:velocity`，并设置 `turtle` 在再次变为 `:idle` 之前必须移动的 `:distance`。

代码终于快要讲完了。最后看一下 `turtle-script` 函数向 `channel` 发送命令的方式：

```
(def channel (async/chan))
(defn forward [distance] (async/>!! channel [:forward distance]))
(defn back [distance] (async/>!! channel [:back distance]))
```

```
(defn right [angle] (async/>!! channel [:right angle]))
(defn left [angle] (async/>!! channel [:left angle]))
(defn pen-up [] (async/>!! channel [:pen-up]))
(defn pen-down [] (async/>!! channel [:pen-down]))
(defn hide [] (async/>!! channel [:hide]))
(defn show [] (async/>!! channel [:show]))
(defn weight [weight] (async/>!! channel [:weight weight]))
(defn speed [speed] (async/>!! channel [:speed speed]))
```

async/>!! 函数将其参数发送到 channel。如果 channel 已满，就会等待。这真的没什么特别的，对吧？

如此一来，我们就可以将所有自己喜欢的海龟图形命令放入 turtle-script 函数中，然后观看海龟在屏幕上翩翩起舞，画出漂亮的图画。

第 15 章
并发性

对于并发性，函数式程序实现起来比支持可变状态的程序实现起来要简单得多。原因正如第 1 章所说，如果不更新状态，那么就不会出现并发更新问题。这也意味着竞态条件将不复存在。

这些"事实"消除了处理多线程的大部分复杂性。如果线程是由纯函数组成的，那么它们根本就无法相互干扰。

它们真的就不能相互干扰吗？

尽管上面的"事实"听起来令人舒适，但并不完全准确。本章的目的就是展示多线程的"函数式"程序仍然会存在竞态条件。

为了考察这一点，可以设置一些相互作用的有限状态机。我最喜欢的例子是 20 世纪 60 年代打电话的例子。事件的顺序大致如图 15-1 所示。

这是一个消息序列图。竖轴表示时间。所有消息都是倾斜的，因为它们都需要时间来发送。

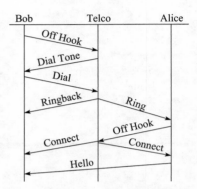

图 15-1　电话呼叫的消息序列图

可能有人并不熟悉这里所使用的电话术语。事实上，2000 年之后出生的人很可能对座机电话比较陌生。为了回顾历史和怀旧，我们回顾一下这个过程。

Bob 想给 Alice 打电话。Bob 将电话听筒从其挂钩[一]上拿起（Off Hook），并举到耳边。电话公司（Telco）向听筒发送拨号音（Dial Tone）[二]。听到拨号音后，Bob 拨打（Dail）[三] Alice 的号码。然后，电话公司向 Alice 的电话发送一个振铃电压[四]，并向 Bob 的听筒发送一个回铃音（Ringback）[五]。Alice 听到她的电话响铃（Ring），就把听筒从挂钩上拿起来。电话公司将 Bob 的线路连接（Connect）到 Alice。Alice 对 Bob 说"你好"（Hello）。

在这个场景中运行着三个有限状态机：Bob、Telco 和 Alice。Bob 和 Alice 是分别运行 User 状态机[六]的独立实例，如图 15-2 所示。

Telco 状态机如图 15-3 所示。

在这些图中，➤ 符号表示将相应的事件发送给另一个状态机。

当 Bob 决定打电话（从 Idle 状态发出 Call 事件）时，User 状态机向 Telco 发送 Off Hook 事件。当 Telco 处于 Waiting for Dial（等待拨打）状态并从 User 接收到 Dial 事件时，它将发送 Ring 和 Ringback 事件给适当的 User 状态机。

[一] 20 世纪初的电话有一个挂钩，用来挂听筒。到了 20 世纪 60 年代，听筒所在的支架虽然取代了挂钩，但人们仍然称呼支架为挂钩。

[二] 这是一种非常容易辨认的声音。这意味着电话系统已准备好，此时可以拨打想要拨的号码。

[三] 动词"拨打"表示输入电话号码。20 世纪 60 年代初期，这是通过电话表面的旋转拨号盘来实现的。

[四] 在美国是 90 V。

[五] 这是另一种非常独特的声音，让呼叫者在等待电话应答时听到，以便解闷。

[六] 为了简单起见，这个状态机图进行了简化。实际上，所有状态都会转移回 Idle（空闲）状态。

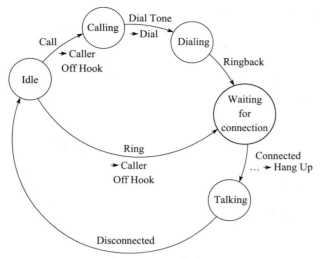

图 15-2　User 状态机

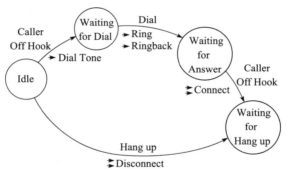

图 15-3　Telco 状态机

如果仔细研究这些图，应该能够看到状态机和消息如何相互作用，从而让 Bob 打电话给 Alice。

现在可以很轻松地用 Clojure 编写这些状态机：

```
(def user-sm
  {:idle {:call [:calling caller-off-hook]
          :ring [:waiting-for-connection callee-off-hook]
          :disconnect [:idle nil]}
   :calling {:dialtone [:dialing dial]}
   :dialing {:ringback [:waiting-for-connection nil]}
   :waiting-for-connection {:connected [:talking talk]}
   :talking {:disconnect [:idle nil]}})

(def telco-sm
  {:idle {:caller-off-hook [:waiting-for-dial dialtone]}
```

```
                      :hangup [:idle nil]}
   :waiting-for-dial {:dial [:waiting-for-answer ring]}
   :waiting-for-answer {:callee-off-hook
                        [:waiting-for-hangup connect]}
   :waiting-for-hangup {:hangup [:idle disconnect]}})
```

每个状态机都是状态的哈希映射，其中每个状态的哈希映射元素都包含一个事件的哈希映射，而每个事件的哈希映射元素都指定了新状态和要执行的操作。

当 `user-sm` 处于 `:idle` 状态，且收到 `:call` 事件时，`user-sm` 会转换到 `:calling` 状态并调用 `caller-off-hook` 函数。

下面的 `transition` 函数会执行这些状态机：

```
(defn transition [machine-agent event event-data]
  (swap! log conj (str (:name machine-agent) "<-" event))
  (let [state (:state machine-agent)
        sm (:machine machine-agent)
        result (get-in① sm [state event])]
    (if (nil? result)
      (do
        (swap! log conj "TILT!")
        machine-agent)
      (do
        (when (second result)
          ((second result) machine-agent event-data))
        (assoc machine-agent :state (first result))))))
```

`log` 变量是一个 `atom`②，仅用来累积一组日志语句，以便观察状态机的操作。请注意，该函数以 `machine-agent` 为参数，并返回带有新状态的它。这意味着可以将其与 Clojure 的 `agent` STM③ 工具一起使用。

`agent` 使用数据结构进行初始化，然后串行化④对该数据结构的所有更新，从而消除所有并发更新问题。

以下代码创建两个不同的 `agent` 函数：

```
(defn make-user-agent [name]
  (agent {:state :idle :name name :machine user-sm}))
```

---

① `get-in` 函数从嵌套映射返回一个元素。`(get-in{:a{:b2}}[:a:b])` 返回 2。——译者注
② Clojure 中的 `atom` 是一种用于管理共享、同步和独立状态的引用类型。——译者注
③ Clojure 中的 `agent` 提供对可变状态的共享访问。STM（Software Transactional Memory）是一种类似于数据库事务的并发控制机制，用于控制并发计算中对共享内存的访问。——译者注
④ 此处英文原文为 serialize，虽然与数据在网络传输前需要做的序列化的英文相同，但含义不同。前者指为应对共享数据并发操作的竞态条件，将对数据的操作按照串行的方式排队。为避免混淆，译作"串行化"。——译者注

```clojure
(defn make-telco-agent [name]
  (agent {:state :idle :name name :machine telco-sm}))
```

可以使用 `agent` 的 `send` 函数向代理发送事件：

```clojure
(send caller transition :call [telco caller callee])
```

在这个例子中，程序将 `transition` 函数发送给 `caller` 代理。`send` 函数立即返回，并将要在 `agent` 线程中执行的 `transition` 函数排队。`transition` 函数的参数是事件（`:call`）和应传递给操作函数的数据。在本例中，数据是代表系统中有限状态机的三个 `agent` 的列表。

操作函数如下：

```clojure
(defn caller-off-hook
  [sm-agent [telco caller callee :as call-data]]
  (swap! log conj (str  (:name @caller) " goes off hook."))
  (send telco transition :caller-off-hook call-data))

(defn dial [sm-agent [telco caller callee :as call-data]]
  (swap! log conj (str (:name @caller) " dials"))
  (send telco transition :dial call-data))

(defn callee-off-hook
  [sm-agent [telco caller callee :as call-data]]
  (swap! log conj (str (:name @callee) " goes off hook"))
  (send telco transition :callee-off-hook call-data))

(defn talk [sm-agent [telco caller callee :as call-data]]
  (swap! log conj (str (:name sm-agent) " talks."))
  (Thread/sleep 10)
  (swap! log conj (str (:name sm-agent) " hangs up."))
  (send telco transition :hangup call-data))

(defn dialtone [sm-agent [telco caller callee :as call-data]]
  (swap! log conj (str "dialtone to " (:name @caller)))
  (send caller transition :dialtone call-data))

(defn ring [sm-agent [telco caller callee :as call-data]]
  (swap! log conj (str "telco rings " (:name @callee)))
  (send callee transition :ring call-data)
  (send caller transition :ringback call-data))

(defn connect [sm-agent [telco caller callee :as call-data]]
  (swap! log conj "telco connects")
  (send caller transition :connected call-data)
  (send callee transition :connected call-data))
```

```
(defn disconnect [sm-agent [telco caller callee :as call-data]]
  (swap! log conj "disconnect")
  (send callee transition :disconnect call-data)
  (send caller transition :disconnect call-data))
```

每个操作函数中的第二个参数都被解构[⊖]了。因此，发送给 `caller-off-hook` 的 `call-data` 是一个列表，其中的第一个元素放在 `telco` 中，第二个放在 `caller` 中，第三个放在 `callee` 中，整个列表放在 `call-data` 中。

有了这个实现，我们就应该能够通过执行以下代码让 Bob 与 Alice 通话。下面是以测试的形式编写的代码：

```
(it "should make and receive call"
  (let [caller (make-user "Bob")
        callee (make-user "Alice")
        telco (make-telco "telco")]
   (reset! log [])
   (send caller transition :call [telco caller callee])
   (Thread/sleep 100)
   (prn @log)
   (should= :idle (:state @caller))
   (should= :idle (:state @callee))
   (should= :idle (:state @telco))))
```

这个测试通过了，这意味着所有状态机过了 100 ms 后都返回到了 `:idle` 状态。日志输出如下所示：

```
"Bob<-:call" "Bob goes off hook"
"telco<-:caller-off-hook" "dialtone to Bob"
"Bob<-:dialtone" "Bob dials"
"telco<-:dial" "telco rings Alice"
"Alice<-:ring" "Alice goes off hook"
"Bob<-:ringback"
"telco<-:callee-off-hook" "telco connects"
"Bob<-:connected" "Bob talks"
"Alice<-:connected" "Alice talks"
"Bob hangs up"
"Alice hangs up"
"telco<-:hangup" "disconnect"
"Alice<-:disconnect"
"Bob<-:disconnect"
"telco<-:hangup"
```

可以看到，在线程交错之间，所有三个有限状态机一起工作，成功完成呼叫。

⊖ 简而言之，解构是将复杂数据元素分解为命名组件的便捷方法。更多详细信息请参阅 Clojure 文档。

这三个代理虽然都有可变的状态，但是由于代理会串行化其操作，不会有并发更新问题，因此也没有竞态条件，对吗？

别这么快下结论。现在来研究另一种情况。

图 15-4 展示了 20 世纪 60 年代电话系统中存在的一个竞态条件⊖。这次，还是 Bob 呼叫 Alice，但此时 Alice 恰巧也要给 Bob 打电话。

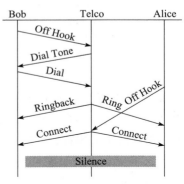

图 15-4　电话系统中的竞态条件

能看出问题吗？那两条交叉的线就是问题所在。那是一个竞态条件。电话公司试图让 Alice 的电话响铃。但还没等响铃开始，Alice 就拿起了听筒，准备给 Bob 打电话。从电话公司的角度看，一切正常。因为它已经发起了响铃，而且 Alice 也接起了电话。所以电话公司愉快地将 Bob 和 Alice 的线路接通。但是 Alice 其实正在那里等待拨号音，而 Bob 也很困惑，因为电话那头既没有人说"喂"，同时回铃音也莫名其妙地中止了。

此时最可能的结果就是双方都默默地挂断了。或者，Alice 可能会说些什么，Bob 也可能会应答。然后，他俩就像滑稽剧那样，相互问到底是谁要给谁打电话。

是否可以让状态机模拟这个错误？下面是模拟的设置代码，也是用测试实现的：

```
(it "should race"
  (let [caller (make-user "Bob")
        callee (make-user "Alice")
        telco1 (make-telco "telco1")
        telco2 (make-telco "telco2")]
    (reset! log [])
    (send caller transition :call [telco1 caller callee])
    (send callee transition :call [telco2 callee caller])
    (Thread/sleep 100)
    (prn @log)
    (should= :idle (:state @caller))
    (should= :idle (:state @callee))
    (should= :idle (:state @telco1))
    (should= :idle (:state @telco2))))
```

请注意，现在有四个状态机：一个是 Bob 的，一个是 Alice 的，每个呼叫各有一个 Telco。测试运行失败。100 ms 后，状态机还是没有返回到 Idle 状态。

那么，日志告诉了我们什么？

"Bob<-:call" "Bob goes off hook"
"telco1<-:caller-off-hook"

⊖　如果你还在使用固定电话，它可能至今仍然存在。

```
"Alice<-:call" "Alice goes off hook"
"telco2<-:caller-off-hook"
"dialtone to Bob"
"Bob<-:dialtone" "Bob dials"
"telco1<-:dial" "telco rings Alice"
"Bob<-:ringback"
"Alice<-:ring" "TILT!" …
```

要得到这样的日志，需要尝试几次，因为这种特殊竞态条件的窗口期非常小。但竞态条件就在那里。看到那个 TILT! 了吗？如果程序要求 transition 函数进行无效的状态转换，这个函数就会在日志中放入 TILT!。Alice 仍然处在 :calling 状态，等待 :dialtone 事件，而此时没有办法处理 :ring 事件。

要点是，即使没有并发更新问题，竞态条件仍然可能发生。这是因为总是可能构造出在交互时彼此不同步的多个状态机。

总结

在世纪之交的时候，摩尔定律失效了。CPU 的时钟速率达到了大约 3 GHz 的最大值，然后就停止增长了。为了提高吞吐量，硬件工程师开始在芯片上放置更多处理器。之后，人们经历了 CPU 的双核和四核阶段。那时人们以为，将来每隔一年左右 CPU 内核（core）数量就会翻一番。人们开始担心如何处理具有 32、64 或 128 个内核的机器。

而这或许是函数式语言开始流行的时候。人们认为，由于函数式程序不会改变数据，因此多核操作将变得更加简单。如果使用纯函数，理论上很容易将这些函数分布在众多的内核上。

但摩尔定律还没有完全失效。虽然摩尔定律中与 CPU 的时钟速率相关的部分已经失效，但几年之后，与内核组件密度相关的部分才开始失效，在过去的十年或更长时间里，计算机的处理器一直是四核的（即使超线程[⊖]也改变不了这一点）。而这一点不太可能改变。这减少了人们对 128 核处理器的恐惧，并降低了函数式编程背后的紧迫性。

这可能是一件好事，因为正如本章所示，有关函数式编程不会有并发问题的推理从一开始就有些错误。虽然在具有可变变量的线程中，竞态条件可能更为常见，但在任何存在并发有限状态机的系统中，都存在这样的可能，即竞态条件会导致若干状态机彼此不同步。

[⊖] 超线程是英特尔公司的硬件技术，允许在每个 CPU 内核上运行多个线程。这意味着可以并行完成更多工作，看起来好像内核数量翻倍了。——译者注

第五部分 Part 5

设计模式

- 第 16 章　设计模式回顾

> 设计模式[一]是软件行业影响最深远的思想之一。它与结构化编程、面向对象编程和函数式编程齐名。它告诉我们，应用程序的一些部分由可重复和可重用的元素组成。这些元素解决了许多（甚至所有）应用程序的共同问题。
> 　　当然，就像软件行业中所有好的思想一样，设计模式也有被误解、过度使用、滥用的情况——甚至因被视为过时或只适用于非常狭窄的上下文而被丢弃。这真是遗憾，因为设计模式是极其有用的。

[一] 这方面的权威著作是 Erich Gamma、Richard Helm、Ralph Johnson 和 John Vlissides 合著的 *Design Pattern: Elements of Reusable Object-Oriented Software*（Addison-Wesley，1994）。

第16章
设计模式回顾

设计模式是在特定上下文中解决常见问题的一种解决方案，每个模式都有含义明确的名称。是的，我知道，又是一堆术语。所以，我先讲个故事。

很久以前，我是社交网络 comp.object[○] 上的一名多产作者。在这个小组中，我们讨论了很多关于 OO 设计的问题。

有一天，有人提出了一个简单的问题，并建议我们用自己的方法来解决，然后讨论结果。问题是：给定一个开关和一盏灯，让开关能打开灯。

辩论持续了好几个月。

最简单的解决方案当然是如图 16-1 所示的这个。

`Switch` 类[○] 调用 `Light` 类的 `TurnOn` 方法。

反对者认为，`Switch` 类可以用来打开其他东西，如风扇（`Fan`）或电视（`Television`）。因此，`Switch` 类不应该知道 `Light` 类。应该在两者之间加上一个抽象，如图 16-2 所示。

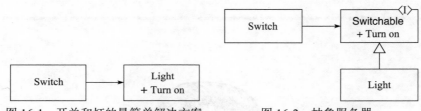

图 16-1　开关和灯的最简单解决方案　　　　图 16-2　抽象服务器

现在，`Switch` 类使用一个名为 `Switchable` 的接口。`Light` 类实现了 `Switchable`。这解决了问题。现在，我们可以通过 `Switch` 控制任意数量的设备。这个解决方案是 DIP、OCP 和 LSP 的简单表达方式之一。它也有一个名称，叫作抽象服务器（abstract server）[○]。

如果我们在某个团队中讨论如何保护 `Switch` 类，避免与 `Light` 类显式耦合，某个成员可能会说："我们可以使用一个抽象服务器。"如果所有团队成员都知道这个名字及其含义，就可以很快确定这个解决方案是否合适。

这就是一个设计模式——在特定上下文下解决问题的命名解决方案。设计模式的价值在于，这些名称和解决方案都是规范的，因此，熟悉这一规范的人只需使用这一名称就能相互理解各自表达的含义。只要你说"抽象服务器"，我立刻就明白你的意思是"在客户端和服务器之间施加一个接口"。

但设计模式的上下文部分是什么呢？让我们回到团队中。有人刚刚建议使用抽象服务器模式。另一位团队成员说："不，你没明白，我们并不拥有 `Light` 类，它属于第三方库，所以我们不能修改它来实现接口。"

[○]　由网络新闻传输协议（Network News Transport Procotol，NNTP）通过 UNIX-to-UNIX 复制（UUCP）和互联网传输的大量新闻组之一。

[○]　记住，这是一个 OO 论坛。不要纠结于"类"这个词。

[○]　Robert C. Martin, *Agile Software Development: Principles, Patterns, and Practices* (Pearson, 2002), 318.

问题的上下文是，我们想将 `Switch` 与 `Light` 解耦，但无法修改 `Light`。于是，团队中的另一个人说："好吧，我们可以使用一个适配器（adapter）。"

如果你是团队成员之一，但不知道什么是适配器模式，那就无法理解他们的建议。但如果你了解设计模式的规范，那么就可以迅速地评估这个建议。再次强调，设计模式的好处在于只要了解其名称和规范形式就可以迅速地应用了。

适配器模式如图 16-3 所示。

`LightAdapter` 实现了 `Switchable` 接口，并将 `TurnOn` 调用转发给 `Light`。无须画出来，团队中的每个人都能在脑海中想象出这张图，因为他们知道设计模式的规范，所以都点头同意这个想法。

正当他们准备讨论下一个问题时，团队中有人说："等等，我们应该使用适配器模式的哪种形式？"

事实证明，设计模式的规范名称描述的解决方案并不一定是单一的。有些模式有多种形式。适配器就是这样一种模式。它可以如图 16-3 所示那样，也可以如图 16-4 所示这样。

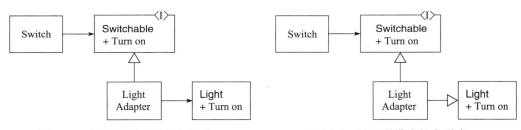

图 16-3　适配器模式的对象形式　　　　图 16-4　适配器模式的类形式

前者称为适配器模式的对象形式，因为 `LightAdapter` 是单独的对象。后者是适配器模式的类形式，因为 `LightAdapter` 是 `Light` 的子类。

团队成员对这两种形式进行了片刻的讨论，最后一致认为目前使用适配器模式的类形式就足够了，并且由于不用再单独创建 `LightAdapter` 对象的构造函数，避免了复杂性[⊖]。

16.1　函数式编程中的模式

多年来，我们听说过一些奇怪的传言，即设计模式是一种专门用来解决 OO 语言所造成问题的黑魔法，而在函数式语言中，设计模式是不必要的。

正如我们在下文中将看到的，确实有一些设计模式是为了解决 OO 语言中的某些不足而采用的变通方法，但这并不适用于所有的设计模式。而且，即使是那些特定的设计模式也有更一般的形式，这种形式也是适用于函数式语言的。

⊖　由于这里 `Light` 恰好有一个签名为 `TurnOn` 的函数，因此使用继承的方式比较简单。——译者注

16.2 抽象服务器模式

那么，在函数式语言中，抽象服务器模式是什么样的呢？

再次考虑 Switch/Light 的问题。用 Clojure 可能会这样表示：

```
(defn turn-on-light []
  ;turn on the bloody light!
  )

(defn engage-switch []
  ;Some other stuff...
  (turn-on-light))
```

这并不复杂。不过，原来的问题立刻就显现出来了。engage-switch 函数直接依赖于 turn-on-light，这意味着不能用它来打开风扇、电视或其他东西。那么，应该怎么办呢？

当然，我们可以使用抽象服务器模式。我们需要做的就是在 engage-switch 函数和 turn-on-light 函数之间插入一个抽象接口。只需要传递一个函数参数即可。我们称之为抽象服务器的函数形式。

```
(defn engage-switch [turn-on-function]
  ;Some other stuff...
  (turn-on-function))
```

在最简单的情况下，这是没有问题的。让我们把问题变得更有趣一些。假设 engage-switch 函数必须在不同的时间开灯和关灯。也许它是某种家庭安全系统的一部分，为灯设置了专门的定时器。原来的问题就会变成这样：

```
(defn turn-on-light []
  ;turn on the bloody light!
  )

(defn turn-off-light []
  ;Criminy! just turn it off!
  )

(defn engage-switch []
  ;Some other stuff...
  (turn-on-light)
  ;Some more other stuff...
  (turn-off-light))
```

现在 engage-switch 函数与灯的耦合度翻了一番。我们同样可以使用抽象服务器的函数形式，但传入两个参数有点不好看，所以可以传入一个虚表参数。我们称之为抽象服务器的虚表形式：

```
(defn make-switchable-light []
  {:on turn-on-light
   :off turn-off-light})

(defn engage-switch [switchable]
  ;Some other stuff...
  ((:on switchable))
  ;Some more other stuff...
  ((:off switchable)))
```

是的，这其实非常好。由于 Clojure 是动态类型语言，因此我们不会遇到继承或实现关系所带来的问题。

当然，我们也可以用抽象服务器模式的多重方法形式来解决这个问题：

```
(defmulti turn-on :type)
(defmulti turn-off :type)

(defmethod turn-on :light [switchable]
  (turn-on-light))

(defmethod turn-off :light [switchable]
  (turn-off-light))

(defn engage-switch [switchable]
  ;Some other stuff...

(turn-on switchable)
;Some more other stuff...
(turn-off switchable))
```

我用以下测试进行了检验：

```
(describe "switch/light"
  (with-stubs)
  (it "turns light on and off"
    (with-redefs [turn-on-light (stub :turn-on-light)
                  turn-off-light (stub :turn-off-light)]
      (engage-switch {:type :light})
      (should-have-invoked :turn-on-light)
      (should-have-invoked :turn-off-light))))
```

两个 stub 模拟了目标函数。我们用 {:type :light} 参数调用 engage-switch 函数。然后，测试这两个目标函数是否被实际调用。

抽象服务器模式的协议/记录形式留作练习。至此，我们应该可以清楚地看到，这个模式在函数式语言中是适用且有用的。

16.3 适配器模式

当客户端希望使用服务器，但客户端期望的接口和服务器定义的接口不兼容时，就可以使用适配器模式。

例如，对于前面讨论的 engage-switch 函数，假设我们想给它传递一个第三方的 :variable-light。:variable-light 的 turn-on-light 函数接受一个关于灯光强度的参数：0 代表关闭，100 代表全开。

:variable-light 的接口与 engage-switch 函数期望的不匹配，所以我们需要一个适配器。

适配器模式最简单的形式可能是这样的：

```
(defn turn-on-light [intensity]
  ;Turn it on with intensity.
  )

(defmulti turn-on :type)
(defmulti turn-off :type)

(defmethod turn-on :variable-light [switchable]
  (turn-on-light 100))

(defmethod turn-off :variable-light [switchable]
  (turn-on-light 0))

(defn engage-switch [switchable]
  ;Some other stuff...
  (turn-on switchable)
  ;Some more other stuff...
  (turn-off switchable))
```

我用以下测试进行了检验：

```
(describe "Adapter"
  (with-stubs)
  (it "turns light on and off"
    (with-redefs [turn-on-light (stub :turn-on-light)]
      (engage-switch {:type :variable-light})
      (should-have-invoked :turn-on-light {:times 1 :with [100]})
      (should-have-invoked :turn-on-light {:times 1 :with [0]}))))
```

在 UML 中绘制的这个结构如图 16-5 所示。

defmulti 函数对应 Switchable 接口。
{:type :variable-light} 对象与两个 def-method 函数耦合，对应 VariableLight-Adapter。EngageSwitch 和 Variable-Light "类"对应我们试图适配的两个函数。

也许你并不觉得这令人信服。毕竟，它只是一个带有几个 defmulti 函数的简单小程序。这里没有 UML 图中那样明显的 OO 结构。所以，让我们通过拆分源文件来实现这种结构。

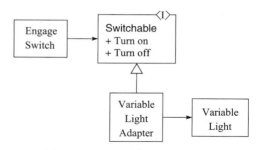

图 16-5　适配器模式的对象形式

我们从 switchable 接口开始。在 ns 语句中，我使用了这样的约定：包含 switchable 命名空间的项目的总命名空间是 turn-on-light：

(ns turn-on-light.switchable)

(defmulti turn-on :type)
(defmulti turn-off :type)

这是一个多态接口。注意，它没有对任何命名空间的源代码依赖。还要记住，Clojure 中的 ns 语句与 Java 类对源文件的要求相同。源文件和命名空间必须有对应的名称○。当我们将此代码的元素移动到单独的命名空间时，也将它们移动到了单独的源文件中。

接下来，我们看看 engage-switch 和 variable-light 的命名空间：

(ns turn-on-light.engage-switch
  (:require [turn-on-light.switchable :as s]))

(defn engage-switch [switchable]
  ;Some other stuff...
  (s/turn-on switchable)
  ;Some more other stuff...
  (s/turn-off switchable))

———————

(ns turn-on-light.variable-light)

(defn turn-on-light [intensity]
  ;Turn it on with intensity.
)

———————
○ 也就是说，turn-on-light.switchable 命名空间必须位于 switchable.clj 文件，而文件必须位于 turn_on_light 文件夹中。

这里没什么特别的代码。engage-switch 命名空间依赖于 switchable 接口。variable-light 命名空间不依赖外部源代码。

variable-light-adapter 命名空间连接了 switchable 接口与 variable-light。注意 make-adapter 构造函数，测试会用到它：

```
(ns turn-on-light.variable-light-adapter
  (:require [turn-on-light.switchable :as s]
            [turn-on-light.variable-light :as v-l]))

(defn make-adapter []
  {:type :variable-light})

(defmethod s/turn-on :variable-light [switchable]
  (v-l/turn-on-light 100))

(defmethod s/turn-off :variable-light [switchable]
  (v-l/turn-on-light 0))
```

最后，测试依赖所有具体的命名空间，从而将所有内容整合在一起：

```
(ns turn-on-light.turn-on-spec
  (:require [speclj.core :refer :all]
            [turn-on-light.engage-switch :refer :all]
            [turn-on-light.variable-light :as v-l]
            [turn-on-light.variable-light-adapter
              :as v-l-adapter]))

(describe "Adapter"
  (with-stubs)
  (it "turns light on and off"
    (with-redefs [v-l/turn-on-light (stub :turn-on-light)]
      (engage-switch (v-l-adapter/make-adapter))
      (should-have-invoked :turn-on-light
                           {:times 1 :with [100]})
      (should-have-invoked :turn-on-light
                           {:times 1 :with [0]}))))
```

仔细查看这些源代码依赖关系，并与 UML 图进行比较，你会看到它们完全匹配。

那么，这是适配器模式的哪种形式呢？我们可以称之为多重方法形式，但它同时也是对象形式。

在 Clojure 中，能构建适配器模式的类形式吗？不能，因为 Clojure 中不能继承实现类，而这正是适配器模式的类形式所依赖的。

尽管适配器模式本身并非特定于语言，但有一些形式是特定于语言的。例如，在 Java 中就不能创建适配器模式的多重方法形式。

那真的是一个适配器对象吗

可能你会认为，既然 `variable-light-adapter` 中唯一的数据元素是 `:type`，那么它实际上并不值得被称为对象。好吧，如果是这里这个不同版本的 `variable-light-adapter`，你可能会觉得更加有说服力：

```
(ns turn-on-light.variable-light-adapter
  (:require [turn-on-light.switchable :as s]
            [turn-on-light.variable-light :as v-l]))

(defn make-adapter [min-intensity max-intensity]
  {:type :variable-light
   :min-intensity min-intensity
   :max-intensity max-intensity})

(defmethod s/turn-on :variable-light [variable-light]
  (v-l/turn-on-light (:max-intensity variable-light)))

(defmethod s/turn-off :variable-light [variable-light]
  (v-l/turn-on-light (:min-intensity variable-light)))
```

```
(ns turn-on-light.turn-on-spec
  (:require [speclj.core :refer :all]
            [turn-on-light.engage-switch :refer :all]
            [turn-on-light.variable-light :as v-l]
            [turn-on-light.variable-light-adapter
              :as v-l-adapter]))

(describe "Adapter"
  (with-stubs)
  (it "turns light on and off"
    (with-redefs [v-l/turn-on-light (stub :turn-on-light)]
      (engage-switch (v-l-adapter/make-adapter 5 90))
      (should-have-invoked :turn-on-light
                           {:times 1 :with [90]})
      (should-have-invoked :turn-on-light
                           {:times 1 :with [5]}))))
```

到现在为止，你应该确信这就是 GOF[○]书中介绍的适配器模式。你还应该能想到，许多其他的 GOF 模式都可以用 Clojure 这样的函数式语言来表达。更重要的是，应该将命名空间 / 源文件结构作为函数式程序设计和架构的一部分。

○ GOF 是我们给 20 世纪 90 年代 *Design Patterns* 一书起的爱称，它代表 Gang of Four，因为这本书有四位作者：Erich Gamma、John Vlissides、Ralph Johnson 和 Richard Helm。

16.4 命令模式

在 GOF 的所有设计模式中，命令模式是最吸引我的。不是因为它复杂，而是因为它简单——非常非常简单。

另外，这也是 Clojure 吸引我的地方。如我在本书的前言中所说，Clojure 语义丰富，但语法简单。命令模式也有同样的特点，它的丰富性蕴含在其惊人的简单性之中。

在 C++ 中，我们可能会这样写命令模式：

```cpp
class Command {
  public:
    virtual void execute() = 0;
};
```

只有一个抽象类（接口）和一个单纯的虚（抽象）函数。就是这么简单。但是，你可以用这种模式做很多有趣的事情。要深入了解这种丰富性，请参阅 *Agile Software Development: Principles, Patterns, and Practices* ⊖中的相应章节。

在像 Clojure 这样的函数式语言中，你可能会认为这种模式已经不存在了。毕竟，如果想将命令传递给其他函数，只需传递 command 函数即可。你不需要将它包装成一个对象，因为在函数式语言中，函数就是对象：

```clojure
(ns command.core)

(defn execute []
  )

(defn some-app [command]
  ;Some other stuff...
  (command)⊜
  ;Some more other stuff...
  )

─────────

(ns command.core-spec
  (:require [speclj.core :refer :all]
            [command.core :refer :all]))
```

⊖ Martin, *Agile Software Development*, p. 181.
⊜ 细心的读者会发现，这个命令并不是一个纯（引用透明的）函数。不过，我们应该清楚，纯函数可以按所示方式传递。

```
(describe "command"
  (with-stubs)
  (it "executes the command"
    (with-redefs [execute (stub :execute)]
      (some-app execute)
      (should-have-invoked :execute))))
```

如你所见，测试将 execute 函数传递给 some-app，some-app 函数调用了该命令。这没什么奇怪的。

那么，如果想创建一个带有数据元素的命令，并将其作为参数传递给 execute 函数，应该怎么办呢？在 C++ 中，我们会这样做（请原谅我使用了内联函数）：

```
class CommandWithArgument : public Command {
  public:
    CommandWithArgument(int argument)
    :argument(argument)
    {}

    virtual void execute()
    {theFunctionToExecute(argument);}

  private:
    int argument;

    void theFunctionToExecute(int argument)
    {
      //do something with that argument!
    }
};
```

在 Clojure 中，我们会这样做，这再次证明在函数式语言中，函数即对象：

```
(describe "command"
  (with-stubs)
  (it "executes the command"
    (with-redefs [execute (stub :execute)]
      (some-app (partial execute :the-argument))
      (should-have-invoked :execute {:with [:the-argument]}))))

————

(defn execute [argument]
  )

(defn some-app [command]
  ;Some other stuff...
  (command)
```

```
;Some more other stuff. . .
)
```

撤销

下面的 C++ 代码展示了命令模式的一个更有用的变体：

```
class UndoableCommand : public Command {
  public:
    virtual void undo() = 0;
};
```

这个 `undo()` 函数使许多有趣的事情成为可能。

很久以前，我开发了一个类似 AutoCAD 的图形用户界面（GUI）应用程序。它是一个绘图工具，用于绘制建筑平面图、屋顶平面图、用地红线平面图等。其 GUI 是一个典型的选项板／画布。用户在选项板上点击选择想要的功能，如"添加房间"，然后在画布中点击确定位置和大小。

在选项板中的每次点击都会导致 `UndoableCommand` 的相应派生物被实例化并执行。执行管理画布中的鼠标／键盘手势，然后对内部数据模型进行适当的修改。因此，对于选项板中的每个功能，都有一个 `UndoableCommand` 的派生物。

`UndoableCommand` 执行完毕后，它会被推入 undo 栈中。每当用户在选项板上点击撤销图标时，就会弹出栈顶部的 `UndoableCommand`，并调用其 undo 函数。

在执行 `UndoableCommand` 对象时，它会记录所做的操作，以便 undo 函数可以撤销这些变更。在 C++ 中，这些记录保存在特定的 `UndoableCommand` 对象的成员变量中：

```
class AddRoomCommand : public UndoableCommand {
  public:
    virtual void execute() {
      // manage canvas events to add room
      // record what was done in theAddedRoom
    }

    virtual void undo() {
      // remove theAddedRoom from the canvas
    }

  private:
    Room* theAddedRoom;
};
```

这不是函数式的，因为 `AddRoomCommand` 对象是可变的。但在函数式语言中，我们只需让 `execute` 函数创建一个新的 `UndoableCommand` 实例，类似这样：

```
(ns command.undoable-command)

(defmulti execute :type)
```

```clojure
(defmulti undo :type)
```

```clojure
(ns command.add-room-command
  (:require [command.undoable-command :as uc]))

(defn add-room []
  ;stuff that adds rooms to the canvas
  ;and returns the added room
  )

(defn delete-room [room]
  ;stuff that deletes the specified room from the canvas
  )

(defn make-add-room-command []
  {:type :add-room-command})

(defmethod uc/execute :add-room-command [command]
  (assoc (make-add-room-command) :the-added-room (add-room)))

(defmethod uc/undo :add-room-command [command]
  (delete-room (:the-added-room command)))
```

```clojure
(ns command.core
  (:require [command.undoable-command :as uc]
            [command.add-room-command :as ar]))
(defn gui-app [actions]
  (loop [actions actions
         undo-list (list)]
    (if (empty? actions)
      :DONE
      (condp = (first actions)
        :add-room-action
        (let [executed-command (uc/execute
                                 (ar/make-add-room-command))]
          (recur (rest actions)
                 (conj undo-list executed-command)))

        :undo-action
        (let [command-to-undo (first undo-list)]
          (uc/undo command-to-undo)
```

```
                (recur (rest actions)
                       (rest undo-list)))
          :TILT))))
```

```
(ns command.core-spec
  (:require [speclj.core :refer :all]
            [command.core :refer :all]
            [command.add-room-command :as ar]))

(describe "command"
  (with-stubs)
  (it "executes the command"
    (with-redefs [ar/add-room (stub :add-room {:return :a-room})
                  ar/delete-room (stub :delete-room)]
      (gui-app [:add-room-action :undo-action])
      (should-have-invoked :add-room)
      (should-have-invoked :delete-room {:with [:a-room]}))))
```

我们使用 `defmulti` 函数创建 `undoable-command` 接口，在 `add-room-command` 命名空间中实现该接口，并在 `command.core` 命名空间的 `gui-app` 函数中模拟 GUI。

该测试模拟了 `add-room-command` 的底层函数，并确保它们被正确调用。它使用一系列的选项板操作调用 `gui-app`。

`add-room-command` 的两个方法都是多态分派的。对于 `execute` 来说，这似乎没有必要，因为 `gui-app` 仅仅创建了 `add-room-command` 对象。但如果我们向该系统添加更多的命令，`execute` 的多态分派就十分有必要了。

`undo` 的多态分派显然是必要的，即使在这个小例子中也是这样，因为当从选项板接收到 `:undo-action` 时，我们不知道哪个命令正在被撤销。

在这里，我们再次看到，随着应用程序复杂性的增加，GOF 设计模式的规范形式开始发挥作用。对于单一方法的命令⊖，我们可以使用普通的函数（实际上是函数对象）。但当应用程序需要更丰富的命令时，我们又回到了 GOF 风格。

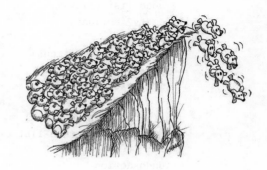

16.5 组合模式

组合（composite）模式延续了语义丰富、语

⊖ 原因在于 execute/undo 是两个函数，只用一个函数对象是无法表达两个函数的变化的。换句话说，{:add-room execute, :delete-room undo} 也可以满足，但不如 defmulti 结构化。——译者注

法简单的特点。它是我第一次在 Jim Coplien 的一本书⊖中读到的古老的句柄/主体方法⊖的一个绝佳例子。

图 16-6 是一个展示组合模式的结构的 UML 图。

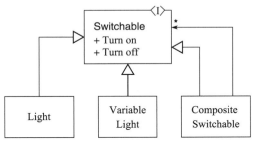

图 16-6　组合模式

`Light` 和 `VariableLight` 实现了 `Switchable` 接口。`CompositeSwitchable` 也实现了 `Switchable`，并且包含了一个由 `Switchable` 其他实例组成的列表。

在 `CompositeSwitchable` 中，`TurnOn` 和 `TurnOff` 的功能只是将相同函数的调用传播给列表中的所有实例。因此，在 `CompositeSwitchable` 的实例上调用 `TurnOn` 时，它会在其包含的所有 `Switchable` 实例上调用 `TurnOn`。

在 Java 中，我们可以像下面这样实现 `CompositeSwitchable`：

```
public class CompositeSwitchable implements Switchable {
  private List<Switchable> switchables = new ArrayList<>();

  public void addSwitchable(Switchable s) {
    switchables.add(s):
  }

  public void turnOn() {
    for (var s : switchables)
      s.turnOn();
  }

  public void turnOff() {
    for (var s : switchables)
      s.turnOff();
  }
}
```

⊖　James O. Coplien，*Advanced C++ Programming Styles and Idioms*(Addison-Wesley, 1991).

⊖　句柄/主体（handle/body）是指一组设计模式，其中某项内容的实现（主体）通过一个间接层（句柄）与接口分离。客户端代码对句柄进行操作，句柄对主体进行操作。操作方式可以是简单地转发/委派请求，也可以是调整协议。——译者注

但在像 Clojure 这样的函数式语言中，可以避免使用组合模式，直接使用 map 或 doseq 函数，如下面的测试所示：

```
(ns composite-example.switchable)

(defmulti turn-on :type)
(defmulti turn-off :type)
```
────────

```
(ns composite-example.light
  (:require [composite-example.switchable :as s]))

(defn make-light [] {:type :light})

(defn turn-on-light [])
(defn turn-off-light [])

(defmethod s/turn-on :light [switchable]
  (turn-on-light))

(defmethod s/turn-off :light [switchable]
  (turn-off-light))
```
────────

```
(ns composite-example.variable-light
  (:require [composite-example.switchable :as s]))

(defn make-variable-light [] {:type :variable-light})

(defn set-light-intensity [intensity])

(defmethod s/turn-on :variable-light [switchable]
  (set-light-intensity 100))

(defmethod s/turn-off :variable-light [switchable]
  (set-light-intensity 0))
```
────────

```
(ns composite-example.core-spec
  (:require [speclj.core :refer :all]
            [composite-example
              [light :as l]
              [variable-light :as v]
```

```
                    [switchable :as s]]))

(describe "composite-switchable"
  (with-stubs)
  (it "turns all on"
    (with-redefs
      [l/turn-on-light (stub :turn-on-light)
       v/set-light-intensity (stub :set-light-intensity)]
      (let [switchables [(l/make-light) (v/make-variable-light)]]
        (doseq [s-able switchables] (s/turn-on s-able))
        (should-have-invoked :turn-on-light)
        (should-have-invoked :set-light-intensity
                             {:with [100]})))))
```

这样的确可以达到打开所有灯的目的，但将灯的集合暴露了出来。组合模式的意义就在于隐藏这个集合。因此，让我们来看看真正的组合模式：

```
(ns composite-example.composite-switchable
  (:require [composite-example.switchable :as s]))

(defn make-composite-switchable []
  {:type :composite-switchable
   :switchables []})

(defn add [composite-switchable switchable]
  (update composite-switchable :switchables conj switchable))

(defmethod s/turn-on :composite-switchable [c-switchable]
  (doseq [s-able (:switchables c-switchable)]
    (s/turn-on s-able)))

(defmethod s/turn-off :composite-switchable [c-switchable]
  (doseq [s-able (:switchables c-switchable)]
    (s/turn-off s-able)))
```

```
(ns composite-example.core-spec
  (:require [speclj.core :refer :all]
            [composite-example
             [light :as l]
             [variable-light :as v]
             [switchable :as s]
             [composite-switchable :as cs]]))

(describe "composite-switchable"
```

```
     (with-stubs)
     (it "turns all on"
       (with-redefs
         [l/turn-on-light (stub :turn-on-light)
          v/set-light-intensity (stub :set-light-intensity)]
         (let [group (-> (cs/make-composite-switchable)
                         (cs/add (l/make-light))
                         (cs/add (v/make-variable-light)))]
           (s/turn-on group)
           (should-have-invoked :turn-on-light)
           (should-have-invoked :set-light-intensity
                                {:with [100]})))))
```

`composite-switchable` 实现了 `switchable` 接口。其中的 `add` 函数是函数式的，因为它把参数加到了 `:switchables` 中，返回了一个新的 `composite-switchable` 对象。`turn-on` 和 `turn-off` 方法则使用 `doseq` 遍历 `:switchables` 列表并传播适当的函数调用。最后，在测试中，我们创建了 `composite-switchable`，向其中添加了 `light` 和 `variable-light`，然后调用 `turn-on`。结果，我们看到两盏灯都被正确地打开了。

是否是函数式的

到目前为止，你可能会认为这种设计方式非常适合有副作用的对象，如 `light` 和 `variable-light`。确实，整个 `switchable` 接口都围绕着打开或关闭某些东西的副作用来设计。那么，这种模式仅适用于有副作用的对象吗？

考虑一个 `shape` 抽象，如下所示：

```
(ns composite-example.shape
  (:require [clojure.spec.alpha :as s]))

(s/def ::type keyword?)
(s/def ::shape-type (s/keys :req [::type]))

(defmulti translate (fn [shape dx dy] (::type shape)))
(defmulti scale (fn [shape factor] (::type shape)))
```

这是一个简单明了的接口，包含两个方法：`translate` 和 `scale`。为了安全起见，我还添加了一个类型规格（这是复习命名空间限定关键字双冒号语法的好时机）。每个 `shape` 都是一个包含 `::shape/type` 元素的映射。

`circle` 和 `square` 的实现也很直接，都包括类型规格：

```
(ns composite-example.circle
  (:require [clojure.spec.alpha :as s]
            [composite-example.shape :as shape]))
```

```clojure
(s/def ::center (s/tuple number? number?))
(s/def ::radius number?)
(s/def ::circle (s/keys :req [::shape/type
                              ::radius
                              ::center]))

(defn make-circle [center radius]
  {:post [(s/valid? ::circle %)]}
  {::shape/type ::circle
   ::center center
   ::radius radius})

(defmethod shape/translate ::circle [circle dx dy]
  {:pre [(s/valid? ::circle circle)
         (number? dx) (number? dy)]
   :post [(s/valid? ::circle %)]}
  (let [[x y] (::center circle)]
    (assoc circle ::center [(+ x dx) (+ y dy)])))

(defmethod shape/scale ::circle [circle factor]
  {:pre [(s/valid? ::circle circle)
         (number? factor)]
   :post [(s/valid? ::circle %)]}
  (let [radius (::radius circle)]
    (assoc circle ::radius (* radius factor))))
```

```clojure
(ns composite-example.square
  (:require [clojure.spec.alpha :as s]
            [composite-example.shape :as shape]))

(s/def ::top-left (s/tuple number? number?))
(s/def ::side number?)
(s/def ::square (s/keys :req [::shape/type
                              ::side
                              ::top-left]))

(defn make-square [top-left side]
  {:post [(s/valid? ::square %)]}
  {::shape/type ::square
   ::top-left top-left
   ::side side})

(defmethod shape/translate ::square [square dx dy]
```

```clojure
  {:pre [(s/valid? ::square square)
         (number? dx) (number? dy)]
   :post [(s/assert ::square %)]}
  (let [[x y] (::top-left square)]
    (assoc square ::top-left [(+ x dx) (+ y dy)])))

(defmethod shape/scale ::square [square factor]
  {:pre [(s/valid? ::square square)
         (number? factor)]
   :post [(s/valid? ::square %)]}
  (let [side (::side square)]
    (assoc square ::side (* side factor))))
```

注意方法上的 :pre 和 :post 条件。我使用它们来检查进出函数的类型。你可能会担心所有这些检查的运行时开销。我一般要么全局禁用[⊖]它们，要么在确认类型得到妥善管理之后，有策略地注释掉它们。

注意，translate 和 scale 函数返回新的 shape 实例。它们在行为上完全是函数式的。

现在，让我们来看看 composite-shape：

```clojure
(ns composite-example.composite-shape
  (:require [clojure.spec.alpha :as s]
            [composite-example.shape :as shape]))

(s/def ::shapes (s/coll-of ::shape/shape-type))
(s/def ::composite-shape (s/keys :req [::shape/type
                                       ::shapes]))

(defn make []
  {:post [(s/assert ::composite-shape %)]}
  {::shape/type ::composite-shape
   ::shapes []})

(defn add [cs shape]
  {:pre [(s/valid? ::composite-shape cs)
         (s/valid? ::shape/shape-type shape)]
   :post [(s/valid? ::composite-shape %)]}
  (update cs ::shapes conj shape))

(defmethod shape/translate ::composite-shape [cs dx dy]
  {:pre [(s/valid? ::composite-shape cs)
         (number? dx) (number? dy)]
   :post [(s/valid? ::composite-shape %)]}
  (let [translated-shapes (map #(shape/translate % dx dy)
```

⊖ 有一个编译时开关可以禁用所有断言，包括 :pre 和 :post。

```
                           (::shapes cs))]
    (assoc cs ::shapes translated-shapes)))

(defmethod shape/scale ::composite-shape [cs factor]
  {:pre [(s/valid? ::composite-shape cs)
         (number? factor)]
   :post [(s/valid? ::composite-shape %)]}
  (let [scaled-shapes (map #(shape/scale % factor)
                           (::shapes cs))]
    (assoc cs ::shapes scaled-shapes)))
```

我们在之前的 `light/variable-light` 示例中见过这种模式。但是这次，`composite-shape` 返回一个包含新 `shape` 实例的新 `composite-shape`。所以，它是函数式的。

如果对此感到好奇，请看我使用的测试：

```
(ns composite-example.core-spec
  (:require [speclj.core :refer :all]
            [composite-example
              [square :as square]
              [shape :as shape]
              [circle :as circle]
              [composite-shape :as cs]]))

(describe "square"
  (it "translates"
    (let [s (square/make-square [3 4] 1)
          translated-square (shape/translate s 1 1)]
      (should= [4 5] (::square/top-left translated-square))
      (should= 1 (::square/side translated-square))))

  (it "scales"
    (let [s (square/make-square [1 2] 2)
          scaled-square (shape/scale s 5)]
      (should= [1 2] (::square/top-left scaled-square))
      (should= 10 (::square/side scaled-square)))))

(describe "circle"
  (it "translates"
    (let [c (circle/make-circle [3 4] 10)
          translated-circle (shape/translate c 2 3)]
      (should= [5 7] (::circle/center translated-circle))
      (should= 10 (::circle/radius translated-circle))))

  (it "scales"
    (let [c (circle/make-circle [1 2] 2)
```

```clojure
                scaled-circle (shape/scale c 5)]
            (should= [1 2] (::circle/center scaled-circle))
            (should= 10 (::circle/radius scaled-circle)))))

(describe "composite shape"
  (it "translates"
    (let [cs (-> (cs/make)
                 (cs/add (square/make-square [0 0] 1))
                 (cs/add (circle/make-circle [10 10] 10)))
          translated-cs (shape/translate cs 3 4)]
      (should= #{{::shape/type ::square/square
                  ::square/top-left [3 4]
                  ::square/side 1}
                 {::shape/type ::circle/circle
                  ::circle/center [13 14]
                  ::circle/radius 10}}
               (set (::cs/shapes translated-cs)))))

  (it "scales"
    (let [cs (-> (cs/make)
                 (cs/add (square/make-square [0 0] 1))
                 (cs/add (circle/make-circle [10 10] 10)))
          scaled-cs (shape/scale cs 12)]
      (should= #{{::shape/type ::square/square
                  ::square/top-left [0 0]
                  ::square/side 12}
                 {::shape/type ::circle/circle
                  ::circle/center [10 10]
                  ::circle/radius 120}}
               (set (::cs/shapes scaled-cs))))))
```

你可能已经注意到，随着这几章的深入，我使用了更多 Clojure 的微妙特性。这是有意为之。我希望你在阅读本书时，手边能有一本很好的 Clojure 参考资料，因此我提供了一系列机会让你去查找资料，以便更熟悉这门语言。

正如我们所看到的，组合模式是另一种适用于函数式语言的 GOF 模式。一旦我们开始利用多态分派，无论是使用虚表、多重方法还是协议/记录结构，GOF 模式就能很好地适配，或多或少地如 GOF 所描述的那样。

16.6　装饰器模式

装饰器（decorator）模式是另一种句柄/主体模

式，它可以在不直接修改类型模型的情况下向类型模型添加功能。

例如，对于上面的 `shape` 项目，我们有一个 `shape` 类型模型，它支持 `circle` 和 `square` 子类型。在该类型模型中，只要它符合 LSP，我们就可以对任何 `shape` 的子类型调用 `translate` 和 `scale`，而不需要知道正在操作的真正子类型。

现在，我们增加一个新的可选功能：`journaled-shape`。它能记住自创建以来在其上所执行的操作。我们希望能够保留 `square` 和 `circle` 的日志，但只针对某些特定的 `square` 和 `circle`。我们不希望记录每一个 `square` 和 `circle`，因为内存有限且处理的代价太高。

当然，我们可以在 `shape` 抽象中添加一个 `:journaled?` 标志，并在 `circle` 和 `square` 的实现中加入一条 `if` 语句来实现这一功能。但这样做很混乱。我们真正想要的是一种在不改变 `shape` 抽象或其任何子类型（包括 `circle`、`square` 和 `composite-shape`）的情况下，添加此功能的方式（符合开闭原则）。

装饰器模式应运而生。图 16-7 所示为其 UML 图。

我在此包含了 `composite-shape`，因为它目前是 `shape` 类型模型的一部分。`journaled-shape` 就是装饰器。`journaled-shape` 从 `shape` 派生并保留对 `shape` 的引用。当在 `journaled-shape` 上调用 `translate` 或 `scale` 时，会在日志中创建一个条目，然后将调用委派给包含的 `shape`。

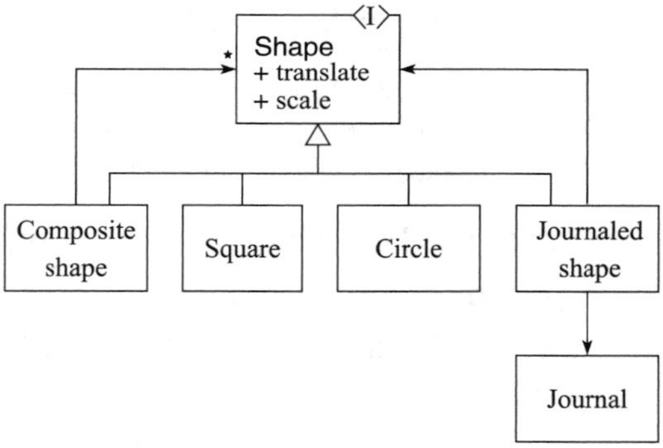

图 16-7 装饰器模式

以下是 Clojure 实现：

```
(ns decorator-example.journaled-shape
  (:require [decorator-example.shape :as shape]
            [clojure.spec.alpha :as s]))

(s/def ::journal-entry
       (s/or :translate (s/tuple #{:translate}⊖ number? number?)
             :scale (s/tuple #{:scale} number?)))

(s/def ::journal (s/coll-of ::journal-entry))
(s/def ::shape ::shape/shape-type)
(s/def ::journaled-shape (s/and
                           (s/keys :req [::shape/type
                                         ::journal
                                         ::shape])
```

⊖ 集合可以用作测试成员关系的函数。

```clojure
                      #(= ::journaled-shape
                          (::shape/type %))))

(defn make [shape]
  {:post [(s/valid? ::journaled-shape %)]}
  {::shape/type ::journaled-shape
   ::journal []
   ::shape shape})

(defmethod shape/translate ::journaled-shape [js dx dy]
  {:pre [(s/valid? ::journaled-shape js)
         (number? dx) (number? dy)]
   :post [(s/valid? ::journaled-shape %)]}
  (-> js (update ::journal conj [:translate dx dy])
         (assoc ::shape (shape/translate (::shape js) dx dy))))

(defmethod shape/scale ::journaled-shape [js factor]
  {:pre [(s/valid? ::journaled-shape js)
         (number? factor)]
   :post [(s/valid? ::journaled-shape %)]}
  (-> js (update ::journal conj [:scale factor])
         (assoc ::shape (shape/scale (::shape js) factor))))
```

`::journaled-shape` 对象有 `::shape` 和 `::journal` 字段。`::journal` 字段是一组 `::journal-entry` 元组——形式为 `[:translate dx dy]` 或 `[:scale factor]`，其中 `dx`、`dy` 和 `factor` 都是数字。`::shape` 字段必须包含一个有效的 `shape`。

`make` 构造函数创建一个有效的 `journaled-shape`（由 `:post` 条件检查）。

`translate` 和 `scale` 函数将适当的日志条目添加到 `::journal`，然后将各自的函数委派给 `::shape`，返回一个带有更新过的 `::journal` 和修改过的 `::shape` 的新 `journaled-shape`。

以下是测试。我只用 `square` 测试了 `journaled-shape`，因为只要它适用于 `square`，那么它就适用于每个 `shape`：

```clojure
(describe "journaled shape decorator"
  (it "journals scale and translate operations"
    (let [jsd (-> (js/make (square/make-square [0 0] 1))
                  (shape/translate 2 3)
                  (shape/scale 5))]
      (should= [[:translate 2 3] [:scale 5]]
               (::js/journal jsd))
      (should= {::shape/type ::square/square
                ::square/top-left [2 3]
                ::square/side 5}
               (::js/shape jsd)))))
```

我们用 `square` 来构造 `journaled-shape`。调用 `translate` 和 `scale`，然后确保 `::journal` 已经记录了这些调用，`square` 有了平移和缩放后的值。

需要再次强调的是，我只是为了给读者一些挑战并演示类型规格如何使用，才包含它们的。但是坦白讲，我认为测试已经足以检查类型了，所以在现实生活中，我估计我不会为这种小问题使用如此详细的类型规格。不过，能像那样看到所有的类型也是很不错的。

无论如何，请注意，`journaled-shape` 装饰器适用于任何 `shape`，包括 `composite-shape`。因此，我们已经高效地向类型模型添加了一个新功能，而没有对该类型模型的现有元素进行任何更改。这就是现实中的 OCP。

16.7 访问者模式

在这里，我们要深入研究的正是那饱受诟病的访问者（visitor）模式。访问者模式并不是句柄/主体模式。它有独特的结构，正如我们将看到的，这种结构在某些语言中会很复杂。

访问者模式的目的与装饰器模式的类似。我们可以在不更改类型模型的情况下为其添加一个新功能（遵循 OCP）。装饰器模式适用于新功能与类型模型中的其他子类型无关的情况。`journaled-shape` 就很好地验证了这一点，无论包含的形状是 `circle` 还是 `square`，日志功能都是独立的。`journaled-shape` 装饰器永远不会知道所包含的 `shape` 是什么子类型。

当想要添加的功能依赖于类型模型中的子类型时，就可以使用访问者模式。

如果我们想为 `shape` 抽象添加一个新功能，用于将形状转换为字符串来进行序列化，该怎么做呢？我们可以向 `shape` 接口添加一个 `to-string` 函数。非常简单。

但是，如果客户想要 XML 格式的形状呢？我想除了 `to-string` 函数，还可以添加一个 `to-xml` 函数。

但是，如果一个客户想要 JSON 格式的形状，而另一个客户想要 YAML 格式的形状，还有一个想要……你最终会意识到这些数据格式有很多种可能，且客户会不断地提出新的需求。你也不想让 `shape` 接口被这些可怕的方法所污染。

访问者模式为我们提供了一种解决方案。图 16-8 所示为其 UML 图。

首先我想指出的是，`Shape` 子类型到 `ShapeVisitor` 中的方法旋转了 90°。其中的每个子类型，如 `Square` 和 `Circle`，都是 `ShapeVisitor` 中 `visit` 函数的参数类型。我将这种从子类型到方法的转变称为 90° 旋转，因为这会让我后脑的某些神经元感到舒适。

图 16-8 左侧是 `Shape` 抽象及其所有子类型。右侧是 `ShapeVisitor` 层次结构。该模式在 `Shape` 接口中添加了 `accept` 函数。它只接受一个参数，即 `ShapeVisitor`。这违背了 OCP，但只违背了一次。

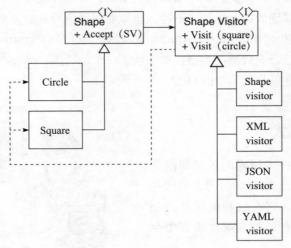

图 16-8 访问者模式

在 Java 中，`accept` 函数的实现是很简单的：

```
void accept(ShapeVisitor v) {
  v.visit(this);
}
```

如果你以前从来没有研究过访问者模式，这里可能有点难以理解。所以请慢慢来，与我一起仔细学习。

假设我们想要某个 `Shape` 的 JSON 字符串。在 Java 或 C++ 或其他类似的语言中，可以这样来获取：

```
Shape s = // get a shape without knowing the subtype
ShapeVisitor v = new JsonVisitor();
s.accept(v);
String json = v.getJson();
```

我们从某处得到一个 `Shape` 对象，创建 `JsonVisitor`，使用 `accept` 方法将 `JsonVisitor` 传递给 `Shape`。`accept` 方法被多态分派到 `Shape` 的适当子类型，如 `Square`。`Square` 的 `accept` 方法调用 `JsonVisitor` 的 `visit(this)`。`this` 的类型是 `Square`，所以调用的是 `JsonVisitor` 的 `visit(Square s)` 函数。该函数为 `Square` 生成 JSON 字符串，并将其保存在 `JsonVisitor` 的成员变量中。`getJson()` 函数返回该成员变量的内容。

你可能需要多读几遍才能理解。这种技巧叫作双重分派（double-dispatch）。第一次分派是分派到 Shape 的子类型，所以我们就能知道子类型的类型。第二次分派是分派到 visitor 的适当子类型，同时传递子类型的真实类型。

如果你看完了这些，就会发现 ShapeVisitor 的每一个派生类型都是 Shape 类型模型的一个新"方法"，而我们唯一要向 Shape 添加的就是 accept 方法，所以仍然符合 OCP。你现在也应该明白了为什么不能使用装饰器模式。新的函数强烈依赖于子类型。如果你不知道它是一个 Square，你就不能为它构造 Square 的 JSON 字符串。

以上这些内容只是想告诉你这一点，所有可怕的复杂性都是语言的约束造成的。是的，这就是所有那些设计模式批评者的观点。访问者模式之所以这么复杂，是因为一种特殊的语言特性。

什么特性呢？封闭类（closed class）。

16.7.1　To Close or to Clojure

在 C++ 和 Java 这样的语言中，我们创建的类是封闭的。这意味着我们无法通过在新的源文件中声明新方法来为类添加新方法。如果想在封闭语言中为类添加新方法，必须打开该类的源文件，并在该类的定义中添加该方法。

Clojure 没有这种限制。在某种程度上，C# 也没有这种限制。事实上，许多语言都允许在不改变类声明的源文件的情况下为类添加方法。

Clojure 之所以没有这种限制，是因为类不是该语言的特性。我们创建类时是遵循约定（convention）而不是遵循语法。

那么，这是不是意味着在 Clojure 中我们不需要装饰器模式或访问者模式？不，完全不是这个意思。实际上，正如我们所看到的，我们仍然需要 GOF 形式的装饰器模式。否则，怎么实现 journaled-shape 呢？

不过，在拥有开放类的语言中，访问者模式的 GOF 形式并不是必需的。或者说，GOF 形式的某些细节不是必需的。

下面，我们来展示 Clojure 中的这个特殊的访问者模式。首先是测试：

```
(ns visitor-example.core-spec
  (:require [speclj.core :refer :all]
            [visitor-example
             [square :as square]
             [json-shape-visitor :as jv]
             [circle :as circle]]))

(describe "shape-visitor"
  (it "makes json square"
    (should= "{\"top-left\": [0,0], \"side\": 1}"
             (jv/to-json (square/make [0 0] 1))))

  (it "makes json circle"
```

```
            (should= "{\"center\": [3,4], \"radius\": 1}"
                     (jv/to-json (circle/make [3 4] 1)))))
```

这里没什么奇怪的,不过应该特别注意源代码的依赖关系。这个测试几乎需要用到所有的东西。

现在,让我们回忆一下 shape 类型模型的样子。为了简单起见,我已经删除了所有 clojure.spec 类型规格:

```
(ns visitor-example.shape)

(defmulti translate (fn [shape dx dy] (::type shape)))
(defmulti scale (fn [shape factor] (::type shape)))
```

————

```
(ns visitor-example.square
  (:require
    [visitor-example.shape :as shape]))

(defn make [top-left side]
  {::shape/type ::square
   ::top-left top-left
   ::side side})

(defmethod shape/translate ::square [square dx dy]
  (let [[x y] (::top-left square)]
    (assoc square ::top-left [(+ x dx) (+ y dy)])))

(defmethod shape/scale ::square [square factor]
  (let [side (::side square)]
    (assoc square ::side (* side factor))))
```

————

```
(ns visitor-example.circle
  (:require
    [visitor-example.shape :as shape]))

(defn make [center radius]
  {::shape/type ::circle
   ::center center
   ::radius radius})

(defmethod shape/translate ::circle [circle dx dy]
  (let [[x y] (::center circle)]
```

```
      (assoc circle ::center [(+ x dx) (+ y dy)]))))

(defmethod shape/scale ::circle [circle factor]
  (let [radius (::radius circle)]
    (assoc circle ::radius (* radius factor))))
```

这一切看起来都很熟悉。下面是 `json-shape-visitor`：

```
(ns visitor-example.json-shape-visitor
  (:require [visitor-example
             [shape :as shape]
             [circle :as circle]
             [square :as square]]))

(defmulti to-json ::shape/type)
(defmethod to-json ::square/square [square]
  (let [{:keys [::square/top-left⊖ ::square/side]} square
        [x y] top-left]
    (format "{\"top-left\": [%s,%s], \"side\": %s}" x y side)))

(defmethod to-json ::circle/circle [circle]
  (let [{:keys [::circle/center ::circle/radius]} circle
        [x y] center]
    (format "{\"center\": [%s,%s], \"radius\": %s}" x y radius)))
```

注意，`json-shape-visitor` 中的 `defmulti` 直接将 `to-json` 方法添加到了 `shape` 类型模型中。你现在已经应该理解这些了，但你知道为什么这是访问者模式吗？

你能看到从子类型到函数的 90° 旋转吗？

就像 Java 中的访问者模式一样，所有 `to-json` 操作的子类型都被集中到了 `json-shape-visitor` 模块中。

如果你跟踪所有的源代码依赖并将它们与 UML 图进行比较，就会发现它们都是一一对应的。唯一缺少的是 `ShapeVisitor` 接口和双重分派。而这两者是为了避开 C++ 和 Java 这类语言中的封闭类。

这告诉我们，GOF 对这个模式的理解有点错误。双重分派是访问者模式的附属功能，只在有封闭类的语言中才是必要的。

16.7.2 90° 问题

但等一下，这个 90° 旋转存在一个问题。如果模块为某个类型模型的每个子类型都提供了方法，那么类型模型发生变化时，该模块也必须变化。例如，如果要在 `shape` 层次结构中添加一个 `triangle`，我们的 `json-shape-visitor` 就要添加一个 `to-json` 的 `::triangle/`

⊖ 命名空间限定关键字的解构创建了一个局部变量，并以键的名字部分（在本例中为 `top-left`）命名。

triangle defmethod。这违背了 OCP。

这也是一个问题,因为它迫使上层模块跨越架构边界依赖于底层模块的源代码[一],这违背了整洁架构的依赖规则[二],如图 16-9 的 UML 图所示。

一般来说,我们希望将 shape 的实现作为 App 的插件。但是 json-shape-visitor 妨碍了这一点,因为 App 发出 JSON 文件的唯一方式是调用 json-shape-visitor,而它直接依赖于 circle 和 square。

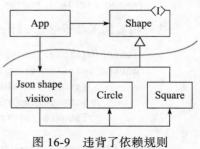

图 16-9 违背了依赖规则

在 Java、C# 和 C++ 中,我们可以使用抽象工厂来解决这个问题,App 可以使用它来实例化 visitor 对象,而不直接依赖于它。

在 Clojure 中,我们有另一个更好的选择。我们可以将 json-shape-visitor 的接口与其实现分离,如下所示:

```
(ns visitor-example.json-shape-visitor
  (:require [visitor-example
             [shape :as shape]]))
(defmulti to-json ::shape/type)
```

```
(ns visitor-example.json-shape-visitor-implementation
  (:require [visitor-example
             [json-shape-visitor :as v]
             [circle :as circle]
             [square :as square]]))

(defmethod v/to-json ::square/square [square]
  (let [{:keys [::square/top-left ::square/side]} square
        [x y] top-left]
    (format "{\"top-left\": [%s,%s], \"side\": %s}" x y side)))

(defmethod v/to-json ::circle/circle [circle]
  (let [{:keys [::circle/center ::circle/radius]} circle
        [x y] center]
    (format "{\"center\": [%s,%s], \"radius\": %s}" x y radius)))
```

这个技巧的关键是确保 main 函数要求(require)了 json-shape-visitor-imple-

⊖ Robert C. Martin, *Clean Architecture* (Pearson, 2017), p. 159.
⊜ Robert C. Martin, *Clean Architecture* (Pearson, 2017), p. 203.

mentation 模块，这样就可以正确地注册 defmethod 与 defmulti：

```
(ns visitor-example.main
  (:require [visitor-example
             [json-shape-visitor-implementation]]))
```

通常，main 在应用程序的任意部分之前被调用，因此，应用程序没有对 main 的源代码依赖[⊖]。不幸的是，我的测试没有访问真正的 main，所以必须包含依赖关系：

```
(ns visitor-example.core-spec
  (:require [speclj.core :refer :all]
            [visitor-example

             [square :as square]
             [json-shape-visitor :as jv]
             [circle :as circle]
             [main]]))

(describe "shape-visitor"
  (it "makes json square"
    (should= "{\"top-left\": [0,0], \"side\": 1}"
             (jv/to-json (square/make [0 0] 1))))

  (it "makes json circle"
    (should= "{\"center\": [3,4], \"radius\": 1}"
             (jv/to-json (circle/make [3 4] 1)))))
```

这就是 Clojure 中一个函数式的、架构合理的访问者模式。图 16-10 所示为其 UML 图，所有的依赖关系都跨越架构边界，指向边界的更上层（抽象）一侧。

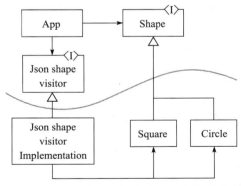

图 16-10　函数式的、架构合理的访问者模式

因此，访问者模式是 GOF 形式受到了当时语言约束影响的一个例子。1995 年，当 GOF 书出版时，封闭类被认为是静态类型语言的一个必要属性，因此几乎无处不在。

⊖ Martin, *Clean Architecture*, p. 231.

16.8 抽象工厂模式

DIP 建议我们避免依赖既不稳定又具体的源代码。因此，我们会创建抽象结构并将依赖路由到抽象结构上。但是，当创建对象的实例时，我们经常不得不违背这个建议，这可能导致架构上的困难，如图 16-11 中的 UML 图所示。

图 16-11 中的 App 使用了 Shape 接口。它想做的一切都可以通过这个接口完成，只有一件事例外。App 必须创建 Circle 和 Square 的实例，这迫使 App 依赖相应模块的源代码。

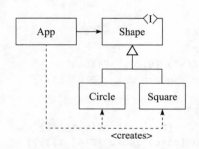

图 16-11　因创建抽象结构而违背了 DIP

实际上，我们在前面的示例中已经见过这种情况，例如本章前面 visitor-example 的测试代码。注意，测试对 square 和 circle 有源代码依赖，仅仅是为了调用那些 make 函数。

```
(ns visitor-example.core-spec
  (:require [speclj.core :refer :all]
            [visitor-example
              [square :as square]
              [json-shape-visitor :as jv]
              [circle :as circle]]))

(describe "shape-visitor"
  (it "makes json square"
    (should= "{\"top-left\": [0,0], \"side\": 1}"
             (jv/to-json (square/make [0 0] 1))))

  (it "makes json circle"
    (should= "{\"center\": [3,4], \"radius\": 1}"
             (jv/to-json (circle/make [3 4] 1)))))
```

这或许看起来是个小问题。但如图 16-12 所示，如果我们在 UML 图中增加一个架构边界，真正的成本就显而易见了。

这里，我们可以看到，`<creates>` 依赖违背了整洁架构的依赖规则[一]。这条规则指出，所有跨越架构边界的源代码依赖都必须指向该边界的更上层的一侧。`Circle` 和 `Square` 模块属于底层细节，是 `App` 的插件。因此，为了守护架构，我们需要以某种方式处理那些 `<creates>` 依赖。

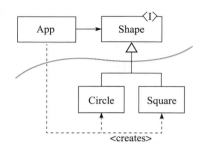

图 16-12　跨越架构边界违背依赖规则

抽象工厂（abstract factory）模式提供了一个很好的解决方案，如图 16-13 所示。

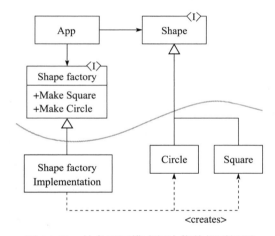

图 16-13　抽象工厂模式解决依赖规则问题

所有跨越边界的源代码依赖现在都指向更上层的一侧，所以违背的依赖规则问题已经解决了。`Circle` 和 `Square` 仍然可以独立地作为 `App` 的插件。`App` 仍然可以创建 `Circle` 和 `Square` 实例，但是间接地通过 `ShapeFactory` 接口完成，这反转了源代码依赖（DIP）。

在 Clojure 中，这很容易实现。我们只需要 `shape-factory` 接口及其实现。

```
(ns abstract-factory-example.shape-factory)

(defmulti make-circle
  (fn [factory center radius] (::type factory)))
```

㊀ Robert C. Martin, *Clean Architecture* (Pearson, 2017).

```
(defmulti make-square
  (fn [factory top-left side] (::type factory)))
```

```
(ns abstract-factory-example.shape-factory-implementation
  (:require [abstract-factory-example
             [shape-factory :as factory]
             [square :as square]
             [circle :as circle]]))

(defn make []
  {::factory/type ::implementation})

(defmethod factory/make-square ::implementation
  [factory top-left side]
  (square/make top-left side))

(defmethod factory/make-circle ::implementation
  [factory center radius]
  (circle/make center radius))
```

有了这些，我们可以编写一个测试来模拟 App：

```
(ns abstract-factory-example.core-spec
  (:require [speclj.core :refer :all]
            [abstract-factory-example
             [shape :as shape]
             [shape-factory :as factory]
             [main :as main]]))

(describe "Shape Factory"
  (before-all (main/init))
  (it "creates a square"
    (let [square (factory/make-square
                   @main/shape-factory
                   [100 100] 10)]
      (should= "Square top-left: [100,100] side: 10"
               (shape/to-string square))))
  (it "creates a circle"
    (let [circle (factory/make-circle
                   @main/shape-factory
                   [100 100] 10)]
      (should= "Circle center: [100,100] radius: 10"
               (shape/to-string circle)))))
```

首先要注意的是，这个测试没有对 circle 或 square 的源文件依赖。它只依赖两个接口：shape 和 shape-factory。这是我们的架构目标。

但那个 main 依赖是什么呢？看到测试开头的那一行 (before-all (main/init)) 了吗？它告诉测试运行器在测试之前先调用 (main/init)。这模拟了 main 模块在启动 App 之前初始化所有内容这一过程。

以下是 main：

```
(ns abstract-factory-example.main
  (:require [abstract-factory-example
             [shape-factory-implementation :as imp]]))

(def shape-factory (atom nil))

(defn init[]
  (reset! shape-factory (imp/make)))
```

我们有一个名为 shape-factory 的全局 atom！init 函数将其初始化为 shape-factory-implementation。

回头再看测试，就会发现 make-circle 和 make-square 方法接收了被解引用的 atom。

设置一个全局变量是处理工厂的常见策略。main 函数创建具体的工厂实现，然后将其加载到每个人都可以访问的全局变量中。在静态类型语言中，那个全局变量的类型将为 ShapeFactory 接口。在动态类型语言中，不需要这样的类型声明。

16.8.1 90° 问题重现

再次查看图 16-13 中的 UML 图，看到 ShapeFactory 中的 90° 旋转了吗？在 shape-factory 的代码中也可以看到它。ShapeFactory 和 shape-factory 都具有与 Shape 的子类型相对应的方法。

给访问者模式带来的问题在这里也存在，尽管形式稍有不同。每当增加一个 shape 的新子类型时，都必须修改 shape-factory。这违背了 OCP，因为我们必须修改架构边界中上层一侧的模块。如果说 OCP 很重要的话，它就重要在这种跨边界的地方。请仔细研究那个 UML 图，体会我说的意思。

我们可以用一个接收不透明令牌的单一方法来替换 90° 旋转，从而解决这个问题。例如：

```
(ns abstract-factory-example.shape-factory)

(defmulti make (fn [factory type & args] (::type factory)))
```

```
(ns abstract-factory-example.shape-factory-implementation
```

```clojure
  (:require [abstract-factory-example
             [shape-factory :as factory]
             [square :as square]
             [circle :as circle]]))

(defn make []
  {::factory/type ::implementation})

(defmethod factory/make ::implementation
  [factory type & args]
  (condp = type
    :square (apply square/make args)
    :circle (apply circle/make args)))
```

```clojure
(ns abstract-factory-example.core-spec
  (:require [speclj.core :refer :all]
            [abstract-factory-example
             [shape :as shape]
             [shape-factory :as factory]
             [main :as main]]))

(describe "Shape Factory"
  (before-all (main/init))
  (it "creates a square"
    (let [square (factory/make
                   @main/shape-factory
                   :square
                   [100 100] 10)]
      (should= "Square top-left: [100,100] side: 10"
               (shape/to-string square))))

  (it "creates a circle"
    (let [circle (factory/make
                   @main/shape-factory
                   :circle
                   [100 100] 10)]
      (should= "Circle center: [100,100] radius: 10"
               (shape/to-string circle)))))
```

注意，传入 shape-factory/make 的参数是不透明的，即它没有由其他模块定义，这些模块包括 square 和 circle 模块。:square 和 :circle 关键字没有限定命名空间，也没有在任何地方声明。它们只是恰好有名字的不透明值。我们也可以用 1 代替 square，用 2 代替 circle，或使用 "square" 和 "circle" 字符串。

这种不透明性是这个解决方案的关键。如果我们需要添加一个 triangle 子类型，边界上层的任何东西都不需要改变（满足 OCP）。

16.8.2 类型安全吗

在 Java 这样的静态类型语言中，不透明这种技术做不到保证类型安全。不透明的值不能保证类型安全。例如，无法使用 Java 中的 emum 类型来解决这个问题[⊖]。

在 Clojure 中，我们不关心静态类型安全，但动态类型规格呢？在这方面，我们的运气不是很好。我们无法从 clojure.spec 中受益，因为所有错误（无论是否使用 clojure.spec）都将是运行时错误。

例如，没有什么能阻止我用 :sqare（故意拼写错误）来调用 shape-factory/make。shape-factory-implementation 中的 condp 会简单地抛出异常。如果我在 clojure.spec 中设置了一些类型约束，强制 shape-factory/make 的类型参数为 :square 或 :circle，它仍然只会抛出运行时异常。

任何语言都无法摆脱这一点。无论是在 Java、C++、Ruby、Clojure 还是 C# 中，如果想在架构边界上维持 OCP（而且我们通常都会这么做），那么在边界的某个地方，必须放弃类型安全并依赖运行时异常。这只是简单的软件物理学。

16.9 总结

剩下的 GOF 模式以及大家熟悉的其他模式留作练习。现在，我相信你已经明白，拥有与 Clojure 类似功能的函数式语言和 Java、C#、Ruby 及 Python 一样都是面向对象的，只要强制设置了不变性约束，GOF 书中描述的设计模式通常都适用。

至于单例（Singleton）模式，直接创建就好了。

16.10 补充：面向对象是毒药吗

我认为有必要在此重新审视我在前言中提到的希望和目标。现在我们应该很清楚，函数式编程和面向对象编程（OOP）是兼容互利的两种编程风格。

迄今为止，我展示的设计模式例子都是很常见的。Clojure 程序员经常使用 defmulti 和 defmethod 来表达多态。他们也经常使用映射来表达封装的数据结构（即对象）。他们甚至经常为这些对象构建构造函数。

⊖ "不透明"意味着没有定义，而静态类型语言 Java 中的 enum 类型必须先定义，所以无法用 enum 类型实现"不透明"。——译者注

他们可能没有意识到，但他们正在构建的是面向对象的程序。

一些函数式程序员，甚至对于一些 Clojure 程序员可能会觉得不寻常的是我组织源文件和命名空间的方式。这种组织方式会让人联想到 Java、C++、C#、Ruby，甚至 Python，对那些认为自己多年前就已摆脱了面向对象的人来说，这简直就是在报"面向对象"的身份证。

现在应该很清楚了，Clojure 与 Java、C++、C#、Python 和 Ruby 一样都是面向对象的。它同时也像 F#、Scala、Elixir，甚至 Haskell 一样都是函数式的。

让我们稍微探讨一下面向对象的说法。

Clojure 没有继承机制，但它至少有三个非常有效的多态机制，其中至少有两种机制支持开放类。

Clojure 没有 `public/private/protected` 修饰符，但它具有命名空间限定关键字和动态类型规格，这让代码能强烈地表达封装，并能动态地（非静态地）执行封装。Clojure 还有私有函数（用 `defn-` 创建），这些函数只能在包含它的源文件中可见。

Clojure 支持（但不强制）源文件和命名空间结构，可以对架构进行分区，这也是我们在所谓的企业语言中都很熟悉的功能。

因此，Clojure 是一种面向对象 / 函数式语言[⊖]。在某种程度上，Scala、Elixir 和 F# 等语言亦是如此。既然这样，当用这些语言建模应用程序时，仍然可以使用面向对象的思维方式。

我们仍然可以使用接口和类、类型和子类型来描述函数式程序。我们仍然可以划分源文件并管理它们的依赖关系，以创建健壮的、可以独立部署和独立开发的架构。在这方面，没有任何改变。

改变的是函数式编程对我们施加的额外约束，那就是消除（或至少强烈地隔离）副作用。类和模块更倾向于是不可变对象，而不是可变对象。但它们仍然是对象，它们仍然可以作为实现接口的类来表达和组织。

这意味着我们在面向对象语言中发现的非常有用的绝大多数设计原则和设计模式，在 Clojure 和其他函数式语言中仍然适用，并且仍然有用。

⊖ OOFL 或者 FOOL？也许我们应该避免使用缩略语。

第六部分 Part 6

案例研究

- 第 17 章　Wa-Tor 小游戏

第 17 章
Wa-Tor 小游戏

在这一章，我们将玩一个关于小游戏的小游戏。我们这个小游戏叫作 Wa-Tor，是 A. K. Dewdney 在 1984 年 *Scientific American* 杂志的 12 月刊中描述的一个简单的元胞自动机。我们要玩的游戏是假装 Wa-Tor 是一个企业级应用程序，需要在架构和设计方面投入大量精力。

说实话，我可以在几小时内搞定 Wa-Tor，然后事了拂衣而去。但在本章中，我希望我们真正去思考这些问题，想象它是一个有 5000 万行代码（Line of Code，LOC）的庞然大物。

那么，什么是 Wa-Tor 呢？本质上，Wa-Tor 是一个典型的捕食者/猎物模拟游戏，它使用鲨鱼和普通鱼进行模拟。普通鱼随机移动，偶尔繁殖。鲨鱼也随机移动，如果有普通鱼靠近，鲨鱼就会吃掉它们。如果鲨鱼吃了足够的鱼，也偶尔会繁殖。鲨鱼如果在 :health 耗尽之前没有吃到鱼，就会死亡。

普通鱼和鲨鱼生活的世界没有陆地，全都是海域。而且，上方与下方相接，左边与右边相接，这个世界在拓扑学上是一个环面。因此，Wa-Tor 代表的是"WAter TORus"（水环）。

我们稍后会进一步讨论程序的功能。当前，应该考虑哪些架构和设计呢？

我们从基础的单一职责原则（SRP）开始。谁是角色——我们希望哪些东西保持分离？

在大多数大型企业系统中，有很多不同的角色。但在这个小应用程序中，只有两个角色：一个是用户体验（User eXperience，UX）设计师，他会多次改变主意，直到做出满意的设计；另一个是建模人员他会调整鲨鱼或普通鱼的内部行为，甚至可能添加更多的动物。

我们从图 17-1 开始，这是一种非常明显且传统的划分方式。

`WatorUI` 组件比 `WatorModel` 组件的级别低 [1]。根据依赖规则，这意味着源代码依赖关系必须穿越架构边界，指向 `WatorModel`。因此，`WatorUI` 将是 `WatorModel` 的一个插件。

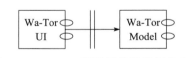

图 17-1 Wa-Tor 明显且传统的划分方式

到目前为止，这个架构中只有两个组件 [2] 和一个边界。在更大的系统中，我们会看到更多的边界和更多的组件。

我们优先关注模型 [3]。我们需要哪些类？

是的，我说的是类。虽然我们使用的是函数式语言，但本书目前为止一直强调的就是，函数式设计和面向对象设计是同一硬币的两面。

---

[1] 这里使用的"级别"高低的定义来自 *Clean Architecture* 中的"与 I/O 的距离"。

[2] 参见 Martin, *Clean Architecture*, p. 93。

[3] http://wiki.c2.com/?ModelFirst

所以乍一看，我认为对象模型看起来如图 17-2 所示。

world 包含了一堆单元格（cell）。每个单元格都可以处理一个时间刻度（tick）[注]。我猜单元格是抽象类，而不是接口，因为我期望在这个级别会有具体的功能。

每个单元格可以是水（water），也可以是能移动（move）和繁殖（reproduce）的动物（animal）。animal 的两种子类型是 fish（普通鱼）和可以吃（eat）普通鱼的 shark（鲨鱼）。

让我们看看代码能否这样写。目前还没有测试，因为还没有定义任何行为：

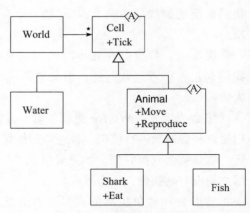

图 17-2　Wa-Tor 的初始对象模型

```
(ns wator.cell)

(defmulti tick ::type)
```

———————

```
(ns wator.water
  (:require [wator
             [cell :as cell]]))

(defn make [] {::cell/type ::water})

(defmethod cell/tick ::water [water]
  )
```

———————

```
(ns wator.animal)

(defmulti move ::type)
(defmulti reproduce ::type)

(defn tick [animal]
  )
```

———————

```
(ns wator.fish
```

———————

　㊀　Dwedney 称之为计时子（chronon）。

```
  (:require [wator
             [cell :as cell]
             [animal :as animal]]))

(defn make [] {::cell/type ::fish})

(defmethod cell/tick ::fish [fish]
  (animal/tick fish)
  )

(defmethod animal/move ::fish [fish]
  )

(defmethod animal/reproduce ::fish [fish]
  )
```

```
(ns wator.shark
  (:require [wator
             [cell :as cell]
             [animal :as animal]]))

(defmethod cell/tick ::shark [shark]
  (animal/tick shark)
  )

(defmethod animal/move ::shark [shark]
  )

(defmethod animal/reproduce ::shark [shark]
  )

(defn eat [shark]
  )
```

这看起来很标准。目前 `cell` 模块更像是一个接口。`water` 模块则简单地实现了这个接口。悬空的括号是为了提醒我后面要在那个函数中添加一些东西。

`animal` 模块并没有实现 `tick`，但它确实有一个名为 `tick` 的函数可以供子类型调用。我猜应该是这样。虽然这有点自负，但我感觉这是必要的[⊖]。

`fish` 简单地实现了 `cell` 和 `animal`。与 UML 图中展示的相比，这实际上更像是多重继承。但是，这段代码中没有继承机制，所以……

[⊖] 是的，我当然知道 YAGNI（You Aren't Goona Need It，你不会需要它）原则。我们走着瞧吧。

最后，shark 也简单地实现了 cell 和 animal，并添加了自己的 eat 函数。

我没有编写 world 的代码，因为我还没有足够的信息。但是，我认为 world 有一些问题要处理。我们不希望 world 依赖 GUI，但是 GUI 将对 world 施加很多限制。例如，我觉得 GUI 应该告诉我们 world 的大小，而且由于 GUI 可能每秒会重绘 N 次界面，因此 GUI 需要定义时间。

不过，我们现在暂时搁置所有这些想法。超前的设计已经足够多了。我们来看看是否可以编写一些行为。

water 的行为是什么？建模人员的回答是，在一定时间后，water 单元格将随机进化成 fish 单元格。以下是我对这个规则的实现：

```
(ns wator.core-spec
  (:require [speclj.core :refer :all]
            [wator
             [cell :as cell]
             [water :as water]
             [fish :as fish]]))

(describe "Wator"
  (with-stubs)
  (context "Water"
    (it "usually remains water"
        (with-redefs [rand (stub :rand {:return 0.0})]
          (let [water (water/make)
                evolved (cell/tick water)]
            (should= ::water/water (::cell/type evolved)))))

    (it "occasionally evolves into a fish"
      (with-redefs [rand (stub :rand {:return 1.0})]
        (let [water (water/make)
              evolved (cell/tick water)]
          (should= ::fish/fish (::cell/type evolved)))))))
```

```
(ns wator.water
  (:require [wator
             [cell :as cell]
             [fish :as fish]
             [config :as config]]))

(defn make [] {::cell/type ::water})

(defmethod cell/tick ::water [water]
  (if (> (rand) config/water-evolution-rate)
```

```
      (fish/make
       water))
```

```
(ns wator.config)

(def water-evolution-rate 0.99999)
```

我们一眼就能看出程序的"函数式"本质[⊖]。tick 的返回值是一个新 cell。我不知道 water-evolution-rate 是否正确。建模人员还没有告诉我们应该是多少,所以我们只能猜测。我估计等他们看到模型的行为后,会告诉我们要修改这个值。

到目前为止,我还没有指定任何动态类型。现在看来还为时尚早,但我非常确定它已经呼之欲出了。

不管怎样,让我们来看看如何移动 fish。

如何移动 fish?fish 在哪里?fish 知道自己的位置,还是 world 知道?

cell 按照从左到右、从上到下的二维矩形笛卡儿网格排列,所以 cell 的位置由元组 [x y] 确定。world 可以将 cell 保存在二维数组中,或保存在以位置元组作为键的映射中。

在这类场景中,我喜欢使用映射,我们来创建一个充满 water 单元格的 world:

```
(context "world"
  (it "creates a world full of water cells"
    (let [world (world/make 2 2)
          cells (:cells world)
          positions (set (keys cells))]
      (should= #{[0 0] [0 1]
                 [1 0] [1 1]} positions)
      (should (every? #(= ::water/water (::cell/type %))
                      (vals cells))))))
```

```
(ns wator.world
  (:require [wator
             [water :as water]]))

(defn make [w h]
  (let [locs (for [x (range w) y (range h)] [x y])
        loc-water (interleave locs (repeat (water/make)))
        cells (apply hash-map loc-water)]
    {:cells cells}))
```

⊖ 几乎是函数式的,除了 (rand) 调用不太纯粹。

不知你是否注意到了，传入 interleave 的 water 单元格是一个惰性列表。

现在，我们应该能够在 world 中放入一个 fish 并移动它了。这是我的第一个测试：

```
(context "animal"
  (it "moves"
    (let [fish (fish/make)
          world (-> (world/make 3 3)
                    (world/set-cell [1 1] fish))
          [loc cell] (animal/move fish [1 1] world)]
      (should= cell fish)
      (should (#{[0 0] [0 1] [0 2]
                 [1 0] [1 2]
                 [2 0] [2 1] [2 2]}
               loc)))))
```

这非常直观。我们创建了一个 3×3 的 world，中心有一个 fish。然后，我们移动 fish。最后，我们需要确保它仍然是一个 fish，且最终位置是相邻的单元格之一。

在编写这个测试时，我做了很多设计决策。这些决策解释了为什么 TDD 中的最后一个 D 往往代表设计（Design）。稍后，我会详细解释这些决策，但我们先来看看能让该测试通过的代码：

```
(ns wator.world
  (:require [wator
             [water :as water]]))

(defn make [w h] . . .)

(defn set-cell [world loc cell]
  (assoc-in world [:cells loc] cell))

_____

(ns wator.animal
  (:require [wator
             [cell :as cell]]))

(defmulti move (fn [animal & args] (::cell/type animal)))
(defmulti reproduce (fn [animal & args] (::cell/type animal)))

(defn tick [animal]
  )

(defn do-move [animal loc world]
  [[0 0] animal])

_____
```

```
(ns wator.fish
  (:require [wator
             [cell :as cell]
             [animal :as animal]]))

(defn make [] {::cell/type ::fish})
(defmethod cell/tick ::fish [fish]
  (animal/tick fish)
  )

(defmethod animal/move ::fish [fish loc world]
  (animal/do-move fish loc world))

(defmethod animal/reproduce ::fish [fish]
  )
```

方法体中的 `...` 表示代码跟上次展示的一样，没有任何变化。

这里没有什么真正的特别之处。我更改了 `animal` 中的 `defmulti` 定义以接受多个参数，并在 `animal` 中创建了一个默认的 `do-move` 方法，子类型可以按需调用[一]。`do-move` 的实现很简单，只是为了测试。

接下来聊聊我在写这个测试时所做的设计决策。我首先遇到的问题是，如果 `animal` 看不到 `world`，就不能移动。因此，要么每个 `animal` 都持有对 `world` 的引用，要么 `world` 是一个全局 `atom`，或者将 `world` 作为 `move` 函数的入参。我选择了第三种，因为对于放弃函数式范式而退化到 `atom` 和 STM，我是有点不屑一顾的[二]。

我遇到的下一个问题是，`animal` 不知道自己的位置。因此，我需要将其位置与 `world` 一起传入 `move` 函数。

最后且最重要的是，我不知道 `move` 函数应返回什么。起初，我认为它应该返回更新后的 `world`。但这会导致不一致问题，如下所述。

想象一下 `world` 的更新过程。它从 `[0 0]` 位置开始，遍历 `world`，依次更新每个 `cell`。现在假设在 `[0 0]` 处有一条鱼，它移动到了 `[0 1]`。但 `[0 1]` 是 `world` 接着要更新的 `cell`。那么同一条鱼就再次移动了。一条鱼不应该在一轮中移动两次。

因此，不能用 `move` 函数更新 `world`。相反，对于 `world`，应该基于旧世界来构造新的世界，一次构造一个单元格。我觉得可以这样[三]：

```
(let [new-world-cells (apply hash-map
                            (map update-cell old-world-cells))]. . .)
```

现在，我们来真正实现退化的 `do-move` 函数。移动 `animal` 的过程是什么样的？我认

[一] 这类似于在基类中实现一个方法，并允许子类选择是否覆盖它。
[二] 也许这种不屑一顾并不合适，但这是一本讲函数式设计的书，所以……
[三] 记住，`:cells` 包含一个映射，因此 `update-cell` 函数将接收 `[key val]` 对，并返回 `[key val]` 对。

为这很简单，只需要获取 `animal` 当前位置周边的单元格，确定哪些是有效的目的地（即 `water` 单元格），然后从中随机选择一个。因此，`do-move` 应该是这样的：

```
(defn do-move [animal loc world]
  (let [neighbors (world/neighbors world loc)

        destinations (filter
                       #(water/is?
                          (world/get-cell world %))
                       neighbors)
        new-location (rand-nth destinations)]
    [new-location animal]))
```

我们从 `world` 中获取当前位置的 `neighbors`，过滤掉不是 `water` 的单元格，然后随机选一个。很酷！

我认为最好让所有的环面数学计算都隔离在 `world` 里。我不希望这些计算分散到所有的 `animal` 中。

```
(defn wrap [world [x y]]
  (let [[w h] (::bounds world)]
    [(mod x w) (mod y h)])
  )

(defn neighbors [world loc]
  (let [[x y] loc
        neighbors (for [dx (range -1 2) dy (range -1 2)]
                    (wrap world [(+ x dx) (+ y dy)]))]
    (remove #(= loc %) neighbors)))
```

你准备好看到不甚完美的部分了吗？上面的代码会出现编译错误，因为 `water` 依赖于 `fish`（为了进化），`fish` 依赖于 `animal`（为了 `do-move`），而 `animal` 又依赖于 `water`。这是一个依赖循环，而 Clojure 非常不喜欢依赖循环，如图 17-3 所示。

好了，深呼吸。请记住，我们只是在玩游戏。对于像 Wa-Tor 这样的简单应用，我不会如此无情地对这些文件进行划区。事实上，我很可能将整个程序写到一个文件中，然后任由"恶魔"来袭。但如果这是一个包含几百万行代码的企业应用程序，我们就必须对所有这些源代码依赖关系格外小心。对吧？

解决这个问题的方法是回到类似 C 语言的声明和实现机制，如图 17-4 所示。

为了打破依赖循环，我们拆分 `water`，将对 `fish` 的依赖放到 `water-imp` 中，并确保 `water-imp` 依赖 `water`，从而反转这个循环（DIP）。为了保持一致性，我还拆分了 `fish` 和 `shark`[⊖]。很快我可能也要拆分 `animal`[⊖]。

[⊖] 实际上只拆分了 `fish`。我在图中拆分了 `shark`，但代码中并没有动。牢记 YAGNI！
[⊖] 未来的 Bob 大叔："不会的。"

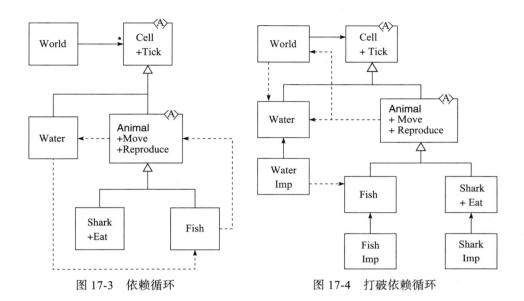

图 17-3　依赖循环　　　　图 17-4　打破依赖循环

现在的代码是这样的：

```
(ns wator.world
  (:require [wator
             [water :as water]]))

(defn make [w h]
  (let [locs (for [x (range w) y (range h)] [x y])
        loc-water (interleave locs (repeat (water/make)))
        cells (apply hash-map loc-water)]
    {::cells cells
     ::bounds [w h]}))

(defn set-cell [world loc cell]
  (assoc-in world [::cells loc] cell))

(defn get-cell [world loc]
  (get-in world [::cells loc]))

; ...
```

————

```
(ns wator.cell)

(defmulti tick ::type)
```

```
(ns wator.water
  (:require [wator
             [cell :as cell]]))

(defn make [] {::cell/type ::water})

(defn is? [cell]
  (= ::water (::cell/type cell)))
```

```
(ns wator.water-imp
  (:require [wator
             [cell :as cell]
             [water :as water]
             [fish :as fish]
             [config :as config]]))

(defmethod cell/tick ::water/water [water]
  (if (> (rand) config/water-evolution-rate)
    (fish/make)
    water))
```

```
(ns wator.animal
  (:require [wator
             [world :as world]
             [cell :as cell]
             [water :as water]]))

(defmulti move (fn [animal & args] (::cell/type animal)))
(defmulti reproduce (fn [animal & args] (::cell/type animal)))

(defn tick [animal]
  )

(defn do-move [animal loc world]
  (let [neighbors (world/neighbors world loc)
        destinations (filter #(water/is?
                                (world/get-cell world %))
                             neighbors)
        new-location (rand-nth destinations)]
    [new-location animal]))
```

```
(ns wator.fish
  (:require [wator
             [cell :as cell]]))

(defn make [] {::cell/type ::fish})
```

```
(ns wator.fish-imp
  (:require [wator
             [cell :as cell]
             [animal :as animal]
             [fish :as fish]]))

(defmethod cell/tick ::fish/fish [fish]
  (animal/tick fish)
  )

(defmethod animal/move ::fish/fish [fish loc world]
  (animal/do-move fish loc world))

(defmethod animal/reproduce ::fish/fish [fish]
  )
```

现在 `shark` 还不重要，所以我没有展示。

拆分 `water` 和 `fish` 的标准很容易看出来。对于任何函数，如果引用的文件不在它的直接类型层次结构中，都会放到 `imp` 文件中。要特别注意命名空间和命名空间限定关键字。例如，`fish-imp` 中的 `defmethod` 仍然会在 `::fish/fish` 上分派。

你以为我忘了测试吗？当然不会：

```
(ns wator.core-spec
  (:require [speclj.core :refer :all]
            [wator
             [cell :as cell]
             [water :as water]
             [water-imp]
             [animal :as animal]
             [fish :as fish]
             [fish-imp]
             [world :as world]]))
(describe "Wator"
  (with-stubs)
  (context "Water"
```

```clojure
    (it "usually remains water"
      (with-redefs [rand (stub :rand {:return 0.0})]
        (let [water (water/make)
              evolved (cell/tick water)]
          (should= ::water/water (::cell/type evolved)))))

    (it "occasionally evolves into a fish"
      (with-redefs [rand (stub :rand {:return 1.0})]
        (let [water (water/make)
              evolved (cell/tick water)]
          (should= ::fish/fish (::cell/type evolved))))))

  (context "world"
    (it "creates a world full of water cells"
      (let [world (world/make 2 2)
            cells (::world/cells world)
            positions (set (keys cells))]
        (should= #{[0 0] [0 1]
                   [1 0] [1 1]} positions)
        (should (every? #(= ::water/water (::cell/type %))
                        (vals cells)))))

    (it "makes neighbors"
      (let [world (world/make 5 5)]
        (should= [[0 0] [0 1] [0 2]
                  [1 0] [1 2]
                  [2 0] [2 1] [2 2]]
                 (world/neighbors world [1 1]))
        (should= [[4 4] [4 0] [4 1]
                  [0 4] [0 1]
                  [1 4] [1 0] [1 1]]
                 (world/neighbors world [0 0]))
        (should= [[3 3] [3 4] [3 0]
                  [4 3] [4 0]
                  [0 3] [0 4] [0 0]]
                 (world/neighbors world [4 4])))))

  (context "animal"
    (it "moves"
      (let [fish (fish/make)
            world (-> (world/make 3 3)
                      (world/set-cell [1 1] fish))
            [loc cell] (animal/move fish [1 1] world)]
        (should= cell fish)
        (should (#{[0 0] [0 1] [0 2]
```

```
                    [1 0] [1 2]
                    [2 0] [2 1] [2 2]}
                   loc))))))
```

看看 ns 语句中的 :require。我们引入了 imp，但并没有显式使用。引入它们会注册它们包含的 defmethod。

好了，现在 fish 可以移动了，我也相当确定 shark 也能移动了。所以下一步应该尝试一下繁殖功能。但在这么做之前，我开始担心（假装的）world 的类型系统了。我们先来设置一下：

```
(ns wator.world
  (:require [clojure.spec.alpha :as s]
            [wator
             [cell :as cell]
             [water :as water]]))

(s/def ::location (s/tuple int? int?))
(s/def ::cell #(contains? % ::cell/type))
(s/def ::cells (s/map-of ::location ::cell))
(s/def ::bounds ::location)
(s/def ::world (s/keys :req [::cells ::bounds]))

(defn make [w h]
  {:post [(s/valid? ::world %)]}
  . . .)
```

好了，这样更好了。现在，要靠什么来完成繁殖呢？建模人员说，如果 fish 在 water 单元格的旁边，并且超过了一定的年龄，它就会繁殖。产生的两条小鱼（仍是 fish）的年龄重置为零。在其他情况下，fish 的 ::age 随着时间的增长而增长。

以下是测试：

```
(it "reproduces"
  (let [fish (-> (fish/make)
                 (animal/set-age config/fish-reproduction-age))
        world (-> (world/make 3 3)
                  (world/set-cell [1 1] fish))
        [loc1 cell1 loc2 cell2] (animal/reproduce
                                  fish [1 1] world)]
    (should= loc1 [1 1])
    (should (fish/is? cell1))
    (should= 0 (animal/age cell1))
    (should (#{[0 0] [0 1] [0 2]
               [1 0] [1 2]
               [2 0] [2 1] [2 2]}
             loc2))
```

```
      (should (fish/is? cell2))
      (should= 0 (animal/age cell2))))

(it "doesn't reproduce if there is no room"
  (let [fish (-> (fish/make)
                 (animal/set-age config/fish-reproduction-age))
        world (-> (world/make 1 1)
                  (world/set-cell [0 0] fish))
        failed (animal/reproduce fish [0 0] world)]
    (should-be-nil failed)))

(it "doesn't reproduce if too young"
   (let [fish (-> (fish/make)
                  (animal/set-age
                    (dec config/fish-reproduction-age)))
         world (-> (world/make 3 3)
                   (world/set-cell [1 1] fish))
         failed (animal/reproduce fish [1 1] world)]
     (should-be-nil failed)))
```

注意，如果 `fish` 繁殖，返回值应该包含两条小鱼（仍是 `fish`）。但如果出了问题，则返回 `nil`。因为我认为 `fish` 的上层策略包括这样的内容：

```
(if-let [result (animal/reproduce . . .)]
  result
  (animal/move . . .))
```

总之，下面是能通过测试的简略代码：

```
(ns wator.animal
  (:require [clojure.spec.alpha :as s]
            [wator
             [world :as world]
             [cell :as cell]
             [water :as water]
             [config :as config]]))

(s/def ::age int?)
(s/def ::animal (s/keys :req [::age]))

(defmulti move (fn [animal & args] (::cell/type animal)))
(defmulti reproduce (fn [animal & args] (::cell/type animal)))
(defmulti make-child ::cell/type)

(defn make []
  {::age 0})
```

```clojure
(defn age [animal]
  (::age animal))

(defn set-age [animal age]
  (assoc animal ::age age))

;. . .

(defn do-reproduce [animal loc world]
  (if (>= (age animal) config/fish-reproduction-age)
    (let [neighbors (world/neighbors world loc)
          birth-places (filter #(water/is? (world/get-cell world %))
                               neighbors)]
      (if (empty? birth-places)
        nil
        [loc (set-age animal 0)
         (rand-nth birth-places) (make-child animal)]))
    nil))
```

```clojure
(ns wator.fish
  (:require [clojure.spec.alpha :as s]
            [wator
             [cell :as cell]
             [animal :as animal]]))

(s/def ::fish (s/and #(= ::fish (::cell/type %))
                     ::animal/animal))
(defn is? [cell]
  (= ::fish (::cell/type cell)))

(defn make []
  {:post [(s/valid? ::fish %)]}
  (merge {::cell/type ::fish}
         (animal/make)))

(defmethod animal/make-child ::fish [fish]
  (make))
```

```clojure
(ns wator.fish-imp
  (:require [wator
             [cell :as cell]
```

```
           [animal :as animal]
           [fish :as fish]]))

;...

(defmethod animal/reproduce ::fish/fish [fish loc world]
  (animal/do-reproduce fish loc world))
```

再次注意，我将 `fish/reproduce` 函数延迟到 `animal/do-reproduce` 中。这就可以在 `animal` 中指定 `reproduce` 的公共行为，同时可以在 `fish` 中对它进行覆写或增强。我不知道这是否有必要[⊖]，但它添加起来很容易，且可以消除 `shark` 和 `fish` 中的重复。

17.1 如鲠在喉

我有一种如鲠在喉的感觉，我觉得应该先实现 `world/tick`。之前，我基于预想的 `world/tick` 需求做了决策以设计 `move` 和 `reproduce` 的返回值。现在，我们来改变一下策略，先处理这个问题，然后再继续完善 `animal` 的其他部分。

下面是第一个测试：

```
(it "moves a fish around each tick"
  (let [fish (fish/make)
        small-world (-> (world/make 1 2)
                        (world/set-cell [0 0] fish)
                        (world/tick))
        vacated-cell (world/get-cell small-world [0 0])
        occupied-cell (world/get-cell small-world [0 1])]
    (should (water/is? vacated-cell))
    (should (fish/is? occupied-cell))
    (should= 1 (animal/age occupied-cell))))
```

它很简单。我创建了一个只有两个单元格的 `small-world`，其中一个单元格是 `fish`。我们调用 `world` 的 `tick` 函数，然后检查 `fish` 是否移动到了空单元格，并且原来的单元格是否变成了 `water`。

然后，我为 `tick` 写了一个哑实现（dummy implementation），只是为了让测试通过。

```
(defn tick [world]
  (-> (make 2 1)
      (set-cell [0 0] (water/make))
      (set-cell [0 1] (animal/set-age (fish/make) 1))))
```

⊖ 是的，我知道 YAGNI。但规则就是用来打破的。

但出乎意料的是，这段代码不能编译，因为现在 world 依赖 fish，fish 依赖 animal，而 animal 又反过来依赖 world。真是头疼。这种循环依赖关系是对源代码结构考虑不周的典型后果。

但我们知道解决办法，即只需把 world-imp 从 world 中提取出来就可以反转依赖了（DIP），如图 17-5 中的 UML 图所示。

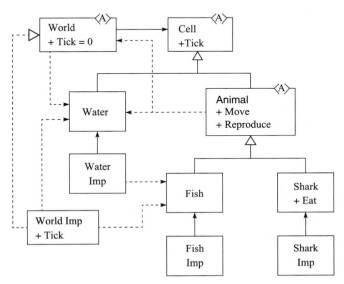

图 17-5　打破另一个依赖循环

World 类中的 tick 旁边有个 =0，我用这种方式来表示抽象方法。所以代码如下：

```
(ns wator.world
  (:require [clojure.spec.alpha :as s]
            [wator
             [cell :as cell]
             [water :as water]]))

(s/def ::location (s/tuple int? int?))
(s/def ::cell #(contains? % ::cell/type))
(s/def ::cells (s/map-of ::location ::cell))
(s/def ::bounds ::location)
(s/def ::world (s/and (s/keys :req [::cells ::bounds])
                      #(= (::type %) ::world)))

(defmulti tick ::type)

(defn make [w h]
  {:post [(s/valid? ::world %)]}
```

```
      (let [locs (for [x (range w) y (range h)] [x y])
            loc-water (interleave locs (repeat (water/make)))
            cells (apply hash-map loc-water)]
    {::type ::world
     ::cells cells
     ::bounds [w h]}))

;...
━━━━━━━
(ns wator.world-imp
  (:require [wator
             [world :as world :refer :all]
             [animal :as animal]
             [fish :as fish]
             [water :as water]]))
(defmethod world/tick ::world/world [world]
  (-> (make 2 1)
      (set-cell [0 0] (water/make))
      (set-cell [0 1] (animal/set-age (fish/make) 1))))
```

将 [world-imp] 添加到 :require 列表后，这个测试就能通过。请注意，现在 tick 是只有单个实现的多重方法。这就是我们所需要的依赖倒置。

但现在我烦恼的是 world 对 water 的依赖。这种依赖关系在某种程度上就是错误的。

我需要洗个澡。我在洗澡时解决了很多问题。

17.2 解决问题

好了，我洗完回来了，下面是我在洗澡时与自己的对话。

"在 world 中创建 water 真的很烦人。把 world 拆成两部分就是因为创建 fish 会导致依赖循环。创建 water 可能也会有同样的问题。等一下，这些都跟创建有关。我是不是需要使用工厂模式？对，使用 cell-factory 抽象工厂就可以处理 :fish、:water 这样的不透明令牌，还有……哦对……还有 :default-cell。太好了，等一下，真的需要一个全新的工厂吗？为什么不直接把 world 当成工厂呢？对！这就是工场方法模式。问题解决了！"

图 17-6 所示的 UML 图揭晓了答案。

一条新的架构边界浮现了出来，所有的依赖都指向上层，符合依赖规则。我或许不会在实际架构中使用这条边界，但如果需要，它一直都在。

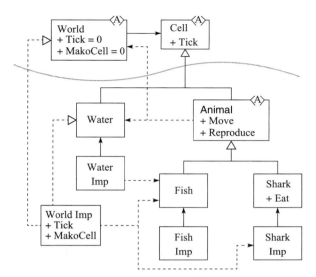

图 17-6　使用了工厂方法模式的 Wa-Tor

现在的代码看起来是这样的：

```
(ns wator.world
  (:require [clojure.spec.alpha :as s]
            [wator
              [cell :as cell]
              [water :as water]]))

(s/def ::location (s/tuple int? int?))
(s/def ::cell #(contains? % ::cell/type))
(s/def ::cells (s/map-of ::location ::cell))
(s/def ::bounds ::location)
(s/def ::world (s/and (s/keys :req [::cells ::bounds])
                      #(= (::type %) ::world)))

(defmulti tick ::type)
(defmulti make-cell (fn [factory-type cell-type] factory-type))

(defn make [w h]
  {:post [(s/valid? ::world %)]}
  (let [locs (for [x (range w) y (range h)] [x y])
        default-cell (make-cell ::world :default-cell)
        loc-water (interleave locs (repeat default-cell))
        cells (apply hash-map loc-water)]
    {::type ::world
     ::cells cells
     ::bounds [w h]}))
```

```
;. . .
```

```
(ns wator.world-imp
  (:require [wator
             [world :as world :refer :all]
             [animal :as animal]
             [fish :as fish]
             [shark :as shark]
             [water :as water]]))

(defmethod world/tick ::world/world [world]
  (-> (make 2 1)
      (set-cell [0 0] (water/make))
      (set-cell [0 1] (animal/set-age (fish/make) 1))))

(defmethod world/make-cell ::world/world [world cell-type]
  (condp = cell-type
    :default-cell (water/make)
    :water (water/make)
    :fish (fish/make)
    :shark (shark/make)))
```

`make-cell` 中的 `factory-type` 简单地作为 `::world` 传入，可以用 `defmethod` `::world/world` 来解析。

我对这个改动抱有很大期待。并且值得注意的是，我只是为了使测试通过而在 `tick` 中写了一个哑实现，而这驱动了整个改动，这再次提醒我们 TDD 是一种设计技术。

好了，现在我们让哑实现失败。这是失败的测试：

```
(it "moves a fish around each tick"
  (doseq [scenario
          [{:dimension [2 1] :starting [0 0] :ending [1 0]}
           {:dimension [2 1] :starting [1 0] :ending [0 0]}
           {:dimension [1 2] :starting [0 0] :ending [0 1]}
           {:dimension [1 2] :starting [0 1] :ending [0 0]}]]
    (let [fish (fish/make)
          {:keys [dimension starting ending]} scenario
          [h w] dimension
          small-world (-> (world/make h w)
                          (world/set-cell starting fish)
                          (world/tick))
          vacated-cell (world/get-cell small-world starting)
          occupied-cell (world/get-cell small-world ending)]
      (should (water/is? vacated-cell))
```

```
            (should (fish/is? occupied-cell))
            (should= 1 (animal/age occupied-cell)))))
```

我创建了四种可能的 1×2 场景，并确保 world 在 tick 之后得到了正确的更新。

为了让这个测试通过，我不得不再次改变设计。animal/move、animal/reproduce 和 cell/tick 函数必须返回一个 [from to] 列表，其中的每个元素都是只包含 {loc cell} 的单元素映射。看一下 world-imp 你就明白原因了：

```
(ns wator.world-imp
  ...)

(defmethod world/tick ::world/world [world]
  (let [cells (::world/cells world)]
    (loop [locs (keys cells)
           new-cells {}
           moved-into #{}]
      (cond
        (empty? locs)
        (assoc world ::world/cells new-cells)

        (contains? moved-into (first locs))
        (recur (rest locs) new-cells moved-into)

        :else
        (let [loc (first locs)
              cell (get cells loc)
              [from to] (cell/tick cell loc world)
              new-cells (-> new-cells (merge from) (merge to))
              to-loc (first (keys to))]
          (recur (rest locs)
                 new-cells
                 (conj moved-into to-loc)))))))

; ...
```

原来每个操作都会改变一两个单元格。当 animal 移动、繁殖或吃食时，会涉及两个单元格；当 animal 移动失败或者饿死时，会涉及一个单元格。在第一种情况下，操作将返回 [from to]，在第二种情况下，它将返回 [nil to]。在两种情况下，from 和 to 都会被合并（merge）[⊖]到 new-cells 中。

注意 loop 中的 moved-into 参数。起初，我没有加上它，而测试失败是因为 world/tick 把 fish 移到了剩下的 water 单元格中。但随后 world/tick 在 water 单元格上调用了 cell/tick，它将自己换成了 water。当 new-cells 合并时，water 覆盖了 fish。

⊖ 即使跟 nil 合并，merge 也能正常工作。

因此，`moved-into` 是所有 `to` 单元格位置的集合。不应该在它们上调用 `cell/tick` 函数，因为它们已经被前面的 `tick` 移动了，所以该单元格中的 `animal` 也已经被 `tick` 移动过了。

为了使这一切工作，我不得不大改整个结构。17.1 节提到的 "如鲠在喉" 的感觉是对的。还好我足够早地注意到了这一点，来得及做出更改。

```
(ns wator.cell)

(defmulti tick (fn [cell & args] (::type cell)))
```

```
(ns wator.water-imp
  (:require [wator
             [cell :as cell]
             [water :as water]
             [fish :as fish]
             [config :as config]]))

(defmethod cell/tick ::water/water [water loc world]
  (if (> (rand) config/water-evolution-rate)
    [nil {loc (fish/make)}]
    [nil {loc water}]))
```

```
(ns wator.animal . . .)

; . . .

(defn increment-age [animal]
  (update animal ::age inc))

(defn tick [animal loc world]
  (-> animal
      increment-age
      (move loc world)))

(defn do-move [animal loc world]
  (let [neighbors (world/neighbors world loc)
        destinations (filter #(water/is?
                                (world/get-cell world %))
                             neighbors)
        new-location (if (empty? destinations)
                       loc
```

```
                           (rand-nth destinations))]
      (if (= new-location loc)
        [nil {loc animal}]
        [{loc (water/make)} {new-location animal}])))

; . . .
```

```
(ns wator.fish-imp . . .)

(defmethod cell/tick ::fish/fish [fish loc world]
  (animal/tick fish loc world)
  )

; . . .
```

当然，其中有几个测试也需要更改：

```
(ns wator.core-spec . . .)

(describe "Wator"
  (with-stubs)
  (context "Water"
    (it "usually remains water"
      (with-redefs [rand (stub :rand {:return 0.0})]
        (let [water (water/make)
              world (world/make 1 1)
              [from to] (cell/tick water [0 0] world)]
          (should-be-nil from)
          (should (water/is? (get to [0 0])))
          )))
    (it "occasionally evolves into a fish"
      (with-redefs [rand (stub :rand {:return 1.0})]
        (let [water (water/make)
              world (world/make 1 1)
              [from to] (cell/tick water [0 0] world)]
          (should-be-nil from)
          (should (fish/is? (get to [0 0]))))))))

; . . .

  (context "animal"
    (it "moves"
      (let [fish (fish/make)
            world (-> (world/make 3 3)
```

```
                          (world/set-cell [1 1] fish))
              [from to] (animal/move fish [1 1] world)
              loc (first (keys to))]
          (should (water/is? (get from [1 1])))
          (should (fish/is? (get to loc)))
          (should (#{[0 0] [0 1] [0 2]
                     [1 0]       [1 2]
                     [2 0] [2 1] [2 2]}
                   loc))))

  (it "doesn't move if there are no spaces"
    (let [fish (fish/make)
          world (-> (world/make 1 1)
                    (world/set-cell [0 0] fish))
          [from to] (animal/move fish [0 0] world)]
      (should (fish/is? (get to [0 0])))
      (should (nil? from))))
```

还有另一个我认为会失败的场景——两条鱼争夺同一个位置：

```
(it "move two fish who compete for the same spot"
  (let [fish (fish/make)
        competitive-world (-> (world/make 3 1)
                              (world/set-cell [0 0] fish)
                              (world/set-cell [2 0] fish)
                              (world/tick))
        start-00 (world/get-cell competitive-world [0 0])
        start-20 (world/get-cell competitive-world [2 0])
        end-10 (world/get-cell competitive-world [1 0])]
    (should (fish/is? end-10))
    (should (or (fish/is? start-00)
                (fish/is? start-20)))
    (should (or (water/is? start-00)
                (water/is? start-20)))))
```

对于简单的 3×1 的 `world`，两头各有一条鱼（`fish`）。只有其中一条可以移动到中心位置，另一条则需要留在原地。这个测试之所以失败是因为 `animal/move` 函数不知道已经有一条鱼移动到了目标位置。

要解决这个问题就需要将 `moved-into` 列表发送给 `animal/move`。我不想再给 `animal/move` 添加参数了，所以也许可以在传给 `animal/move` 的 `world` 中存储这些信息：

```
(ns wator.world-imp ...)

(defmethod world/tick ::world/world [world]
  (let [cells (::world/cells world)]
    (loop [locs (keys cells)
```

```
              new-cells {}
              moved-into #{}]
    (cond
      (empty? locs)
      (assoc world ::world/cells new-cells)

      (contains? moved-into (first locs))
      (recur (rest locs) new-cells moved-into)

      :else
      (let [loc (first locs)
            cell (get cells loc)
            [from to] (cell/tick
                        cell loc
                        (assoc world :moved-into moved-into))
            new-cells (-> new-cells (merge from) (merge to))
            to-loc (first (keys to))
            to-cell (get to to-loc)
            moved-into (if (water/is? to-cell)
                         moved-into
                         (conj moved-into to-loc))]
        (recur (rest locs) new-cells moved-into))))))
```

```
(ns wator.animal . . .)

; . . .

(defn do-move [animal loc world]
  (let [neighbors (world/neighbors world loc)
        moved-into (get world :moved-into #{})
        available-neighbors (remove moved-into neighbors)
        destinations (filter #(water/is?
                                (world/get-cell world %))
                             available-neighbors)
        new-location (if (empty? destinations)
                       loc
                       (rand-nth destinations))]
    (if (= new-location loc)
      [nil {loc animal}]
      [{loc (water/make)} {new-location animal}])))
```

请注意，我没有为 `:moved-into` 使用命名空间限定关键字。这是因为我认为它是一种临时数据，实际上并不真正属于 `world`，只是被顺便带上了而已。这有点"丑陋"，但确实能工作[一]。注意,只有在要移入的单元格不是 `water` 的情况下,我们才会将位置放入 `moved-into` 中。

17.3 让鱼疯狂繁殖

现在看看是否可以用鱼填满这个世界:

```
(it "fills the world with reproducing fish"
  (loop [world (-> (world/make 10 10)
                   (world/set-cell [5 5] (fish/make)))
         n 100]
    (if (zero? n)
      (let [cells (-> world ::world/cells vals)
            fishies (filter fish/is? cells)
            fish-count (count fishies)]
        (should (< 50 fish-count)))
      (recur (world/tick world) (dec n)))))
```

很棒!创建一个 10×10 的 `world`,然后在其中放入一条鱼(`fish`)。向 `world` 发送 100 个 `tick`,确认鱼的数量超过 50 条。我的意思是,让这些鱼在里面疯狂地游动和繁殖!

当然,这个测试运行失败了,因为没有在 `animal/tick` 中调用 `reproduce`。现在来解决这个问题:

```
(defn tick [animal loc world]
  (let [aged-animal (increment-age animal)
        reproduction (reproduce aged-animal loc world)]
    (if reproduction
      reproduction
      (move aged-animal loc world))))
```

先让动物长大(`age`),然后看看它是否会繁殖。如果不会,那么就移动它。很简单,很容易!

当然,必须要修复 `reproduce` 没有使用新的 `[from to]` 约定的问题:

```
(defn do-reproduce [animal loc world]
  (if (>= (age animal) config/fish-reproduction-age)
    (let [neighbors (world/neighbors world loc)
          birth-places (filter #(water/is?
                                 (world/get-cell world %))
                               neighbors)]
      (if (empty? birth-places)
```

[一] 欢迎来到现实世界中的工程权衡。

```
              nil
              [{loc (set-age animal 0)}
               {(rand-nth birth-places) (make-child animal)}]))
      nil))
```

这破坏了之前的一个测试：

```
(it "reproduces"
  (let [fish (-> (fish/make)
                 (animal/set-age config/fish-reproduction-age))
        world (-> (world/make 3 3)
                  (world/set-cell [1 1] fish))
        [from to] (animal/reproduce fish [1 1] world)
        from-loc (-> from keys first)
        from-cell (-> from vals first)
        to-loc (-> to keys first)
        to-cell (-> to vals first)]
    (should= from-loc [1 1])
    (should (fish/is? from-cell))
    (should= 0 (animal/age from-cell))
    (should (#{[0 0] [0 1] [0 2]
               [1 0] [1 2]
               [2 0] [2 1] [2 2]}
              to-loc))
    (should (fish/is? to-cell))
    (should= 0 (animal/age to-cell))))
```

但这样一来，fish 就真的会像鱼一样繁殖。这很容易。设计正在逐渐完善。

17.4 对于鲨鱼

到目前为止，我都没有关注 shark 类，因为它的行为与 fish 几乎相同，并且主要由 animal 抽象来控制。现在，我们来看看是否可以让 shark 对象移动（move）和繁殖（reproduce）。

为此，需要充实 shark 模块，并做一个小的设计更改。这里使用了模板方法（template method）模式来获取 animal 的繁殖年龄。测试体现了这一更改：

```
(context "animal"
  (it "moves"
    (doseq [scenario
            [{:constructor fish/make :tester fish/is?}
             {:constructor shark/make :tester shark/is?}]]
      (let [animal ((:constructor scenario))
            world (-> (world/make 3 3)
```

```
                              (world/set-cell [1 1] animal))
                [from to] (animal/move animal [1 1] world)
                loc (first (keys to))]
        (should (water/is? (get from [1 1])))
        (should ((:tester scenario) (get to loc)))
        (should (#{[0 0] [0 1] [0 2]
                   [1 0]       [1 2]
                   [2 0] [2 1] [2 2]}
                 loc)))))

  (it "doesn't move if there are no spaces"
    (doseq [scenario
            [{:constructor fish/make  :tester fish/is?}
             {:constructor shark/make :tester shark/is?}]]
      (let [animal ((:constructor scenario))
            world (-> (world/make 1 1)
                      (world/set-cell [0 0] animal))
            [from to] (animal/move animal [0 0] world)]
        (should ((:tester scenario) (get to [0 0])))
        (should (nil? from)))))

  (it "reproduces"
    (doseq [scenario
            [{:constructor fish/make  :tester fish/is?}
             {:constructor shark/make :tester shark/is?}]]
      (let [animal ((:constructor scenario))
            reproduction-age (animal/get-reproduction-age animal)
            animal (animal/set-age animal reproduction-age)
            world (-> (world/make 3 3)
                      (world/set-cell [1 1] animal))
            [from to] (animal/reproduce animal [1 1] world)
            from-loc (-> from keys first)
            from-cell (-> from vals first)
            to-loc (-> to keys first)
            to-cell (-> to vals first)]
        (should= from-loc [1 1])
        (should ((:tester scenario) from-cell))
        (should= 0 (animal/age from-cell))
        (should (#{[0 0] [0 1] [0 2]
                   [1 0]       [1 2]
                   [2 0] [2 1] [2 2]}
                 to-loc))
        (should ((:tester scenario) to-cell))
        (should= 0 (animal/age to-cell)))))
```

```
    (it "doesn't reproduce if there is no room"
      (doseq [scenario
              [{:constructor fish/make :tester fish/is?}
               {:constructor shark/make :tester shark/is?}]]
        (let [animal ((:constructor scenario))
              reproduction-age (animal/get-reproduction-age animal)
              animal (animal/set-age animal reproduction-age)
              world (-> (world/make 1 1)
                        (world/set-cell [0 0] animal))
              failed (animal/reproduce animal [0 0] world)]
          (should-be-nil failed))))

    (it "doesn't reproduce if too young"
      (doseq [scenario
              [{:constructor fish/make :tester fish/is?}
               {:constructor shark/make :tester shark/is?}]]
        (let [animal ((:constructor scenario))
              reproduction-age (animal/get-reproduction-age animal)
              animal (animal/set-age animal (dec reproduction-age))
              world (-> (world/make 3 3)
                        (world/set-cell [1 1] animal))
              failed (animal/reproduce animal [1 1] world)]
          (should-be-nil failed)))))
```

```
(ns wator.animal . . .)

(defmulti move (fn [animal & args] (::cell/type animal)))
(defmulti reproduce (fn [animal & args] (::cell/type animal)))
(defmulti make-child ::cell/type)
(defmulti get-reproduction-age ::cell/type)

; . . .
```

```
(ns wator.fish . . .)

(defmethod animal/get-reproduction-age ::fish [fish]
  config/fish-reproduction-age)

; . . .
```

```
(ns wator.shark
  (:require [clojure.spec.alpha :as s]
            [wator
             [config :as config]
             [cell :as cell]
             [animal :as animal]]))

(s/def ::shark (s/and #(= ::shark (::cell/type %))
                      ::animal/animal))

(defn is? [cell]
  (= ::shark (::cell/type cell)))

(defn make []
  {:post [(s/valid? ::shark %)]}
  (merge {::cell/type ::shark}
         (animal/make)))

(defmethod animal/make-child ::shark [fish]
  (make))

(defmethod animal/get-reproduction-age ::shark [shark]
  config/shark-reproduction-age)

; ...
```

到目前为止，除了繁殖年龄之外，`shark` 和 `fish` 的行为都是从 `animal` 那里"继承"来的（实际上是委派给 `animal` 的）。但 `shark` 类有额外的约束条件。现在我们需要实现这些约束条件。

建模人员告诉我们，只有当鲨鱼（`shark`）的健康值（`:health`）超过一定的阈值时，它才会繁殖。`shark` 的 `:health` 要通过对 `fish` 执行 `move` 来增加，并且随着时间的流逝而逐渐降低。如果 `shark` 的 `:health` 降至零，`shark` 就会饿死，而只留下 `water`。当 `shark` 繁殖时，其 `:health` 会由两个后代平分。

现在测试一下 `:health` 随年龄的增长而降低的情况：

```
(context "shark"
  (it "starts with some health"
    (let [shark (shark/make)]
      (should= config/shark-starting-health
               (shark/health shark))))

  (it "loses health with time"
    (let [small-world (-> (world/make 1 1)
                          (world/set-cell [0 0] (shark/make)))
          aged-world (world/tick small-world)
```

```
                aged-shark (world/get-cell aged-world [0 0])]
    (should= (dec config/shark-starting-health)
             (shark/health aged-shark)))))
```

```
(ns wator.shark . . .)

(s/def ::health int?)
(s/def ::shark (s/and #(= ::shark (::cell/type %))
                      ::animal/animal
                      (s/keys :req [::health])))

(defn make []
  {:post [(s/valid? ::shark %)]}
  (merge {::cell/type ::shark
          ::health config/shark-starting-health}
         (animal/make)))

(defn health [shark]
  (::health shark))

(defn decrement-health [shark]
  (update shark ::health dec))

(defmethod cell/tick ::shark [shark loc world]
  (-> shark
      (decrement-health)
      (animal/tick loc world))
)

; . . .
```

很简单。只是将 `::health` 字段添加到 `::shark` 规格和 `shark/make` 中,然后在将余下的行为委派给超类 `animal` 之前,在 `tick` 函数中递减 `::health`。

现在测试一下当 `shark` 的 `::health` 降至零时就死亡的情况:

```
(it "dies when health goes to zero"
    (let [sick-shark (-> (shark/make)
                         (shark/set-health 1))
          small-world (-> (world/make 1 1)
                          (world/set-cell [0 0] sick-shark))
          aged-world (world/tick small-world)
          dead-shark (world/get-cell aged-world [0 0])]
      (should (water/is? dead-shark))))
```

```
(ns wator.shark . . .)

(defmethod cell/tick ::shark [shark loc world]
  (if (= 1 (health shark))
    [nil {loc (water/make)}]
    (-> shark
        (decrement-health)
        (animal/tick loc world))))

; . . .
```

这也很简单。现在测试一下鲨鱼有机会进食时的情况：

```
(it "eats when a fish is adjacent"
  (let [world (-> (world/make 2 1)
                  (world/set-cell [0 0] (fish/make))
                  (world/set-cell [1 0] (shark/make)))
        shark-ate-world (world/tick world)
        full-shark (world/get-cell shark-ate-world [0 0])
        where-shark-was (world/get-cell shark-ate-world [1 0])
        expected-health (+ config/shark-starting-health
                           config/shark-eating-health
                           -1)]
    (should (shark/is? full-shark))
    (should (water/is? where-shark-was))
    (should= expected-health (shark/health full-shark))))
```

测试创建了一个 2 × 1 的 world，其中 shark 旁边有 fish。在过了一个 tick 时间后，shark 应该在 fish 之前所在的位置，而 shark 之前所在的位置应该变为 water。shark 的 ::health 应该增加。

为了使这个测试通过，我只好被迫放弃对 animal/tick 的委派，因为 shark 首先应该尝试 reproduce，然后再尝试 eat，最后再尝试 move：

```
(ns wator.shark . . .)

(defn eat [shark loc world]
  (let [neighbors (world/neighbors world loc)
        fishy-neighbors (filter #(fish/is?
                                   (world/get-cell world %))
                                neighbors)]
    (if (empty? fishy-neighbors)
      nil
      [{loc (water/make)}
       {(rand-nth fishy-neighbors) (feed shark)}])))
```

)

```
(defmethod cell/tick ::shark [shark loc world]
  (if (= 1 (health shark))
    [nil {loc (water/make)}]
    (let [aged-shark (-> shark
                        (animal/increment-age)
                        (decrement-health))]
      (if-let [reproduction (animal/reproduce
                              aged-shark loc world)]
        reproduction
        (if-let [eaten (eat aged-shark loc world)]
          eaten
          (animal/move aged-shark loc world))))))
```

所有这些都如丝般顺滑。因为已经突破了设计的瓶颈，所以现在是收获成果的时候。

建模人员告诉我们，鲨鱼只有当健康值高于阈值时，才会繁殖。我们可以测试一下。事实上，可以先改一下生产代码[⊖]，再看看哪些测试会失败：

```
(ns wator.shark . . .)

(defmethod animal/reproduce ::shark [shark loc world]
  (if (>= (health shark) config/shark-reproduction-health)
    (animal/do-reproduce shark loc world)
    nil))
```

正如预期的那样，鲨鱼场景中的繁殖测试失败了。此时，可以在测试中用一个小花招来解决这个问题：

```
(it "reproduces"
  (doseq [scenario [{:constructor fish/make :tester fish/is?}
                    {:constructor
                      #(-> (shark/make)
                           (shark/set-health
                             (inc config/shark-reproduction-
                               health)))
                     :tester shark/is?}]]
```

; . . .

是的，代码有点难看，但它起到了作用。我觉得应该再添加一个测试来检查超过那个阈值的情况：

```
(it "doesn't reproduce if not healthy enough"
  (let [shark (-> (shark/make)
                  (shark/set-health
```

⊖ 违背 TDD！警报！警报！

```
                (dec config/shark-reproduction-health))
              (animal/set-age config/shark-reproduction-age))
    world (-> (world/make 3 3)
              (world/set-cell [1 1] shark))
    failed (animal/reproduce shark [1 1] world)]
(should-be-nil failed)))
```

好了，还剩最后一个问题。鱼的健康值会平分给两个后代：

```
(it "shares health with both daughters after reproduction"
  (let [initial-health (inc config/shark-reproduction-health)
        pregnant-shark (-> (shark/make)
                           (animal/set-age
                             (inc config/shark-reproduction-age))
                           (shark/set-health initial-health))
        world (-> (world/make 2 1)
                  (world/set-cell [0 0] pregnant-shark))
        new-world (world/tick world)
        daughter1 (world/get-cell new-world [0 0])
        daughter2 (world/get-cell new-world [1 0])
        expected-health (quot (dec initial-health) 2)]
    (should (shark/is? daughter1))
    (should (shark/is? daughter2))
    (should= expected-health (shark/health daughter1))
    (should= expected-health (shark/health daughter2))))
```

没错，测试失败了，因为预期的健康值不正确。这个问题修复起来应该很简单：

```
(ns wator.shark . . .)

(defmethod animal/reproduce ::shark [shark loc world]
  (if (< (health shark) config/shark-reproduction-health)
    nil
    (if-let [reproduction (animal/do-reproduce shark loc world)]
      (let [[from to] reproduction
            from-loc (-> from keys first)
            to-loc (-> to keys first)
            daughter-health (quot (health shark) 2)
            from-shark (-> from vals first
                           (set-health daughter-health))
            to-shark (-> to vals first
                         (set-health daughter-health))]
        [{from-loc from-shark} {to-loc to-shark}])
      nil)))
```

有了这个，我认为模型就完整了。现在来看看能否在其上放置一个 GUI：

```clojure
(ns wator-gui.main
  (:require [quil.core :as q]
            [quil.middleware :as m]
            [wator
             [world :as world]
             [water :as water]
             [fish :as fish]
             [shark :as shark]
             [world-imp]
             [water-imp]
             [fish-imp]]))

(defn setup []
  (q/frame-rate 60)
  (q/color-mode :rgb)
  (-> (world/make 80 80)
      (world/set-cell [40 40] (fish/make)))
  )

(defn update-state [world]
  (world/tick world))

(defn draw-state [world]
  (q/background 240)
  (let [cells (::world/cells world)]
    (doseq [loc (keys cells)]
      (let [[x y] loc
            cell (get cells loc)
            x (* 12 x)
            y (* 12 y)
            color (cond
                    (water/is? cell) [255 255 255]
                    (fish/is? cell) [0 0 255]
                    (shark/is? cell) [255 0 0])]
        (q/no-stroke)
        (apply q/fill color)
        (q/rect x y 11 11)))))

(declare wator)

(defn ^:export -main [& args]
  (q/defsketch wator
    :title "Wator"
    :size [960 960]
    :setup setup
    :update update-state
```

```
            :draw draw-state
            :features [:keep-on-top]
            :middleware [m/fun-mode])
  args)
```

这并不难。图 17-7 是游戏过程的截图。

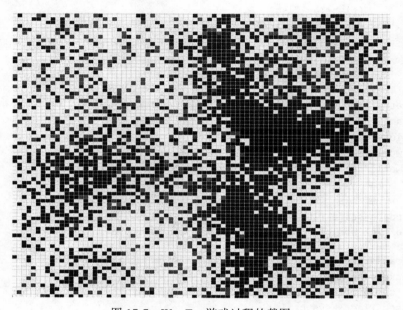

图 17-7　War-Tor 游戏过程的截图

游戏图形的变化速度不是特别快,这并不奇怪。我们还可以做很多事情来加快速度。但不用担心那个。看看 GUI 代码。它依赖于模型,但模型对 GUI 一无所知。这就满足了最初的架构目标。

17.5　总结

Wa-Tor 是一个"函数式"[○]且面向对象的程序,其中使用了 GOF 书中的几种 OO 设计模式。事实上,正是 OO 划分让设计如此美妙地呈现了出来。

OO 划分能很好地划分和隔离各种数据类型,并为相关功能提供合适的位置。所有 OO 程序员都会对此感到非常满意。

然而,从本质上讲,Wa-Tor 是一个数据流模型。`world` 中的数据流经各个对象中的行为而没有发生任何修改。函数式编程的管道模型仍然成立。

○　为什么要加引号?因为随机数不是引用透明的,所以这个程序不是纯粹的函数式。

这是一种混合方法吗？这样是否创建了一个"邪恶联盟"？是一个科学怪人[一]式的怪物程序？

我不这么认为。事实上，我认为这两种方法的组合是自然而然且非常有益的。数据经过了封装且不可变。行为与其所操作的数据相关联。然而，数据元素却流经行为，而不是行为迭代处理数据。

最后，我认为这就是软件的本来面目。

顺便说一句，你可以在 https://github.com/unclebob/wator 上找到本章所有的源代码。

[一] 源自英国女作家玛丽·雪莱于1818年出版的小说《科学怪人》。它是西方文学史上的第一部科幻小说。故事中的科学家使用秘密技术赋予非生命物质以生命，创造了一个人形生物。在1931年由本书改编的同名科幻恐怖电影中，科学家用人类尸体的不同部位拼凑了一个有生命的怪物。——译者注

后　　记

2022年3月，我^㊀参加了一个朋友的生日聚会。在那里，我无意中听到几个人在闲聊代码。我和他们说，我正在寻找一些会编程的朋友一起做项目。在进行了一些寒暄之后，其中一个人提了一个令我震惊的问题。

他问："你最喜欢用什么技术栈？"

我的大脑开始急速地寻找答案，同时我还在努力理解他的问题。最终，我不太自信地回答："Clojure？"

他很惊讶地后退了一步，问："真的吗？做全栈开发？"

我的大脑里立刻浮现出庆典场景彩色纸屑飞舞的画面——我竟然回答对了！

震惊之余，他继续说："前端和后端都用 Clojure？我以前从未听说过。那是如何运作的？Clojure 是一种 Lisp 语言，对吧？它是函数式的。"

是的，它确实如此。"那是如何运作的？"

既然读到了这里，那我假设你已经读过前面的内容，并已经有了答案，而且比我在这里能给你的更好且更详细。所以，回到原来那个问题：为什么问我喜欢哪个技术栈是一个令我震惊的问题？

大约在这个生日聚会的 11 年前，我在美国伊利诺伊州的大都会市开始了我的化学工程师职业生涯。在那里，我接受了有关六氟化铀制造过程和设备操作的培训。在接下来的 10 年里，我在多家化工厂担任了生产领导，我的职业生涯不断取得进步。

在这 10 年间，我学到了很多关于规程、状态、人员、企业文化的知识，也遇到了很多我缺乏技能去修复的零碎的流程。之后，在 2020 年 3 月，当我还在平衡上述零碎的流程所带来的需求与生活中的巨大变化时，COVID-19 来了。但在接下来的 8 周里，我突然发现自己身边一直都有这么一个人。他不仅拥有我所缺乏的技能，而且还制定了掌握这些技能的规则。

我问父亲（你可能知道他，他就是"Bob 大叔"），需要花费多少时间才能把软件开发学习到足以解决我迫切想要解决的问题的程度。

㊀　这里的"我"是 Bob 大叔的三女儿 Gina Martiny。她刚刚转行做软件开发。——译者注

那天晚上，他将他正在进行的一个项目展示给我看。这是一个按县统计 COVID-19 感染和死亡数据的每日自动更新图表。我当时并不熟悉这个编程语言的语法，他就借此机会向我介绍了 Clojure。

由于我只熟悉 Java 和 Python 这样的语言的基础知识，因此我马上就问了许多问题。他解释了面向对象的过程式语言和函数式语言的基本差异，以及他为什么偏爱 Clojure。在一个例子中，他向我展示了函数式语言比那些严重依赖可变状态的语言"更安全"且更简单的原因。他给我描述了一个竞态条件，这就是第 15 章中 Bob 和 Alice 之间的电话通话的例子。

然后，我们深入研究了代码。他给了我一个并不轻松的机会：与他一起处理他的 COVID-19 图表。我主要是编写了一些基础的算术函数（当然，是在我们为这些函数编写了测试之后）。

他向我介绍了 Quil，并展示了其主要功能是如何体现在函数式编程上的，以及它如何不改变状态，而只在每次迭代时简单地重现一个新状态的。虽然当时这对我来说有些深奥，但在接下来的一年里，我反复回想起那次对话。现在，我将那天晚上我们写的源代码的打印稿摆在面前，作为写这篇文章的灵感来源。

一年多之后，我从软件学徒阶段"毕业"，成了 Clean Coders Studio 的全职开发者。

回头看之前让我震惊的问题。2022 年 3 月，我还只是软件开发方面的新人。当时由于疫情，大型的技术交流活动并未举行，而我所在的路易斯安那州巴吞鲁日市[○]在软件领域仍有一些发展空间。因此，作为一名开发者，我感到有些孤立，很少接触到行业内常用的术语。

那次生日聚会是我首次与 Clean Coders 公司以外的软件开发者进行面对面的交流。当被询问我最喜欢的技术栈时，我发现我所掌握的知识只足以理解并回应这个问题。这个问题让我深感惊讶，因为我不确定我是否完全了解所有的答案。

说完这些，我分享两段花絮。

1. 在现实生活中，Clojure 的表现令我震惊。当时，我们正在开发一个基于 Java 的项目，该项目使用 Angular 作为前端。当用 Angular 实现任何功能时，我们必须用 Angular 和 Java 测试和创建几乎相同的方法（有时还使用 Clojure 创建，因为我们正在迁移一个遗留系统）。到处都是重复的工作！

接下来，他们希望开发一个手机移动应用程序，该程序的功能与我们的 Clojure 功能完全一致。我们将大部分核心功能整合到一个 `cljc` 库中，从而使我们能够构建移动应用程序，而几乎没有重复代码或需要重写的代码。

利用 Clojure 的通用命名空间，我们为 `cljs` 移动应用程序使用了通用函数，就像我们为后端所做的那样。

○ 推测该市应该是生日聚会的举办地。——译者注

有多少种编程语言可以实现在相同的代码上运行后端和可能的多个前端，并且可以同时进行测试？

2. 以下的观点对我有很大的启发，我已经看到很多人也有同样的感受。如果你熟悉面向对象编程，可能你也会有相同的感觉。在 Clojure 中，`for` 并不是循环，而是列表推导宏（list comprehension macro）。它不会产生副作用。反之，如果你使用 `doseq`，尽管它会返回 `nil`，但它会完成你试图用 `for` 实现的功能。

祝你好运！

——Gina Martiny, Clean Coders